边玩边学丛书

BIANWAN BIANXUE
CONGSHU

边玩边学生物

本书编写组 ◎ 编
吕鹤民　蒋一淼 ◎ 编著

世界图书出版公司
广州·北京·上海·西安

图书在版编目（CIP）数据

边玩边学生物/《边玩边学生物》编写组编. — 广州：广东世界图书出版公司，2010.4（2024.2重印）
ISBN 978-7-5100-1984-5

Ⅰ. ①边… Ⅱ. ①边… Ⅲ. ①生物学-青少年读物 Ⅳ. ①Q-49

中国版本图书馆CIP数据核字（2010）第049892号

书　　名	边玩边学生物 BIAN WAN BIAN XUE SHENG WU
编　　者	《边玩边学生物》编写组
责任编辑	柯绵丽
装帧设计	三棵树设计工作组
出版发行	世界图书出版有限公司　世界图书出版广东有限公司
地　　址	广州市海珠区新港西路大江冲25号
邮　　编	510300
电　　话	020-84452179
网　　址	http://www.gdst.com.cn
邮　　箱	wpc_gdst@163.com
经　　销	新华书店
印　　刷	唐山富达印务有限公司
开　　本	787mm×1092mm　1/16
印　　张	13
字　　数	160 千字
版　　次	2010年4月第1版　2024年2月第4次印刷
国际书号	ISBN 978-7-5100-1984-5
定　　价	59.80 元

版权所有　翻印必究

（如有印装错误，请与出版社联系）

光辉书房新知文库
"边学边玩"丛书编委会

主　编：
　　吕鹤民　北京市第十中学生物教师
　　宋立伏　清华大学附属中学化学教师

编　委：
　　耿彬彬　北京市铁路第二中学数学教师
　　滕保华　北京市第二一四中学科技办公室主任
　　柯本勇　北京市第八中学物理教师
　　曾　楠　北京市铁路第二中学化学教师
　　蒋一淼　北京市第十中学生物教师
　　张　戍　北京市首都师范大学附属丽泽中学语文教师
　　刘路一　天津市新华中学地理教师
　　孙建蕊　北京市丰台南苑中学历史教师
　　刘亚春　四川北川中学校长
　　龙　菊　首都经贸大学金融学院教授
　　陈昌国　重庆万州区枇杷坪小学信息技术教师
　　谢文娴　重庆市青少年宫研究室主任

执行编委：
　　王　玮　于　始

"光辉书房新知文库"

总策划/总主编：石　恢

副总主编：王利群　方　圆

本书作者

吕鹤民　北京市第十中学生物教师

蒋一淼　北京市第十中学生物教师

高红燕　北京教学植物园生物教师

张文华　湖北省襄樊市第41中学生物教师

朴海英　北京市第十中学生物教师

吕佩环　北京市第十中学生物教师

李　寒　湖北省襄樊市第41中学美术教师

本书摄影

李　理　吕鹤民　张文华　高红艳

本书插图

李雪松

序：在玩中学，在学中玩

进入 21 世纪以后，人类社会已经跃入了崭新的知识经济时代，无论是在国家还是个人层面上，科学知识都起着越来越重要的作用。从某种程度上来说，科学知识决定着我们的事业成败和生活质量。认识这种时代特征，并按其要求去设计自己的人生道路，既是当代中学生朋友的神圣使命，也是其责无旁贷的光荣义务。

但是，对于不少中学生朋友来说，学习科学仿佛是一件沉闷、枯燥、乏味的事情。在他们眼中，数理化好像只是一堆令人生厌的公式和符号，语文、历史、地理等文科科目也只是大段枯燥、严肃的文字叙述，当然文理科也是有共性的，就是没完没了的习题和例题。快快乐乐地学习似乎是一个遥不可及的神话。

造成这种尴尬局面的因素很多，但是没有处理好科学的现象与本质、具体与抽象、知识与应用等的关系是其中之一。正是因为我们的教材太过于强调科学的知识性、抽象性、深刻性而忽略其实用性、多样性、趣味性，才使得正处在好动爱玩年龄的中学生们将学习科学知识视为一种痛苦的体验，认为科学探究是枯燥的、冷冰冰的，毫无乐趣可言。

难道，学习科学就真的不能成为一件快乐而有趣的事情吗？如何将学习演绎成快乐呢？对于天性爱玩的中学生来说，"边玩边学"不失为一个有效的途径。

正是基于这样的认识,我们邀请长期活跃在教学一线的老师和学者为广大中学生朋友精心编写了这套"边玩边学"丛书,丛书包括十个单册,分别是《边玩边学数学》《边玩边学物理》《边玩边学化学》《边玩边学生物》《边玩边学语文》《边玩边学地理》《边玩边学历史》《边玩边学心理学》《边玩边学经济学》《边玩边学科学》,希望为中学生朋友真正带来学习的乐趣。

一位教育家说过,"游戏是由愉快促动的,它是满足的源泉"。在这套丛书中,编者老师们根据中学生的心理特点和教材内容,设计了各种实验和游戏,创设了生动的情境,或者通过生动形象的故事和俗语引入,以"玩"为明线,以"学"为暗线,寓学于玩,给中学生朋友的学习营造一种愉快的氛围。这种氛围不但能调动他们的学习热情,还能提高他们的观察、记忆、注意和独立思考能力,不断挖掘他们的学习潜力。因为这"玩"并非单纯的玩,而是借助中学生爱玩的天性来激活他们的思维,以"在玩中学,在学中玩"的方式培养他们仔细观察、认真思考的习惯,提高他们发现问题、提出问题和解决问题的能力,使他们玩得开心,学得酣畅!

我们衷心希望这套小书能够帮助同学们走近科学,促进大家形成热爱科学知识,喜欢阅读,勇于探索的良好习惯,并为同学们带去愉快和欢乐!

本丛书编委会

前 言

大自然是什么？——

大自然是初升的太阳，皎洁的明月，眨着眼的繁星。

大自然是峥嵘的青山，涟漪的绿水，和煦的清风。

大自然是苍苍的树林，五彩斑斓的花卉，阶前的细草。

大自然是雄健的野兽，轻灵的飞鸟，蠕动的小虫。

大自然是你的五官百骸，脏腑机构，神经系统。

总而言之，大自然是你每天睁眼所见到的景物，是我们衣、食、住、行和所接触到的一切原材料。

同学们，你们现在拿到的这本书是"边玩边学"丛书中的一个分册。这是一本介绍生物科学基础实验的图书。当你按照书中的指点动手做实验的时候，你就会发现：科学原来也可以这么有意思！玩中学，学中玩，边玩边学原来也可以这么容易！

生物和我们的日常生活密不可分，随处可见。本书介绍了有关植物、真菌、动物和人体的知识，适合8~15岁的少年阅读。书中介绍了多个有关生物知识的科学实验。每个实验都从生活出发，这样的编排既能引导少年朋友对将要了解的概念有所印象，但又不会让人没了探究实验结果的兴趣。在大人的协助下，年龄小一些的孩子也可以成功地完成书中的所有实验。稍大的孩子则可以按照书中的步骤独立完成实验。当需要大人辅助的时候，书中均有特别的提示。

每一个实验均详细地列出了需要准备的材料。你在家里就能找到大多数的材料。请在实验前将所需的材料都准备好。材料的量要尽可能地和书中所写的量相符。当然如果略有差距，也不会影响到实验的结果。

同学们，生物的世界丰富多彩、极其复杂。只要我们潜心学习，细心探究，就一定会有许多意想不到的收获，就能感悟大自然的许多真谛。

一、植物篇 ··· 1

  1. 知其名识其状——看名称识植物 ················ 1

  2. 快来数一数——社区植物大调查 ················ 15

  3. 校园处处皆有诗——认识我们的

     校园植物 ·· 20

  4. "离开妈妈走天涯"——植物的种子是

     怎样传播的 ·· 26

  5. 柳哨悠悠唱春天——植物木质茎的结构 ··· 31

  6. 两个细胞看管的门——叶片上的气孔 ······ 36

  7. 它叫死不了——晒不干的马齿苋 ··············· 39

  8. 大力士的风采——种子萌发 ······················ 43

  9. 装满水的瓶子冒出了氧气——光合作用

     产生氧气 ·· 47

  10. 走丢的水——植物的蒸腾作用 ················ 51

边玩边学生物

11. 浸泡在液体中的蔬菜变轻了——细胞吸水与失水 …………………… 56

12. 你一定要向地下钻——根生长的向地性 …………………………… 60

13. 原来你我一样——青蒜与蒜黄 ………… 64

14. 苹果坏了吗——削后的苹果为什么会变色 …………………………… 67

15. 我是小小魔术师——涩柿子变甜的秘密 …………………………… 71

16. "地球清洁工"——能够净化污水的植物 …… 75

二、动物篇 ………………………………… 81

1. "闻其声,知其鸟"——听鸟鸣,辨鸟 ……… 81

2. 脚印印章——动物足迹的收集与动物资源调查 ……………………… 85

3. "我认识你"——了解鸟类的生态类群 …… 89

目录

4. "鱼儿出水"——体温与代谢 …………………… 94
5. 鱼儿,鱼儿快快游——鱼是靠什么游泳的 ……… 99
6. 垃圾的生物处理器——用蚯蚓处理有机废弃物 … 103
7. 腰斩等同生殖——蚯蚓的再生 …………………… 107

三、人体篇

1. 间断与连续的转变——动脉血管的

   结构特点 ………………………………………… 109
2. 四肢上无数的定向"阀门"——四肢静脉瓣 …… 113

四、微生物篇 …………………………………………… 117

1. 蘑菇落下的"花"——蘑菇的孢子印 …………… 117
2. "生气"的馒头——酵母菌发酵 ………………… 120

五、遗传篇 ……………………………………………… 123

1. 做"晃华铃"学遗传——模拟分离规律 ………… 123

六、资源保护篇 ………………………………………… 129

1. 涵养水源的功臣——森林(草甸)保持

   水土的作用 ……………………………………… 129

2. 合理利用才可持续——体验生物资源的有限性 … 134

七、巧手制作篇 …………………………………… 137

1. 我有一双小巧手——系列(1)植物叶片造型 …… 137
2. 我有一双小巧手——系列(2)插花制作 ……… 145
3. 我们生活在鲜花丛中——用植物装点生活 …… 149
4. 我是植物小画师——系列(1)植物叶脉

标本的制作 ……………………………… 162
5. 我是植物小画师——系列(2)叶脉画 ………… 168
6. 我是植物小画师——系列(3)植物凝

成的图画 ………………………………… 170
7. 乳酸菌的功劳——泡菜制作 ……………… 177
8. 健康食品我来做——系列(1)奶酪的制作 …… 179
9. 健康食品我来做——系列(2)米酒的制作 …… 183

谜　底 …………………………………………… 186

一、植物篇

1. 知其名识其状——看名称识植物

情景导入

生物小组去植物园参观，面对数以千计、多姿多彩的植物，同学们目不暇接，争相观察、拍照、记录，都想多记些。参观快结束的时候，老师选了20种植物做了一个识别竞赛，看看谁认的植物多，结果"小灵通"爬山虎一口气就报出了6种植物的名字，以绝对优势胜出。其他同学看着刚刚拍照过的植物似曾相识，却一时叫不出名字来。回家路上，几个好朋友夸爬山虎真是无愧"小灵通"这个绰号，一会儿就能准确地记住好多植物。

金银木

马褂木叶子

"小灵通"慷慨地透露秘诀："我是用联想记忆法，把植物的名字和体现名字的形态特征一起记，看到植物时就可以叫出名字了。比如金银木的花，既有金色的又有银色的，是木本植物，就叫金银木了；鹅掌楸又叫马褂木，它的叶子真的很像鹅掌和马褂。用这个'看名识植物大法'呀，可以事半功倍哟！""可是，每种植物都可以这么记吗？""小问号"川贝疑惑地问。"当然不是，只有一部分植物的名字跟形态明显相关，可以采用这个办法。不过，这就够赢他们的了！""小灵通"得意地说。"不如我们一起搜集一下资料，整理出哪些植物可以这样认，下次活动的时候露一手！""机关枪"辛夷发出倡议，大家一致赞同。

（1）验证"假设"

经过商议，五位同学设计了行动计划：

①再去一次植物园，寻找更多适合"看名识植物大法"的植物种类。大家按着植物园的游览图做了任务分区，首先分别到自己任务区去调查、筛选相应的植物，当场做好记录（最好拍下照片），除了与名字相关的特征之外，其他显著特征也记录下来。然后集中汇总记录，大家一起去实地检验所选植物的可靠性。

②查阅一些植物图鉴，对照文字描述和植物图片，对记录做校正和补充。还可以进一步筛选一些植物种类做补充。

适应"看名识植物大法"植物种类记录表

填表时间：_____   填表人：_____

序号	名称	科名	与名称相应的形态特征	种植地点	备注

（2）成果展示

在五个人的合力工作下，初步筛选出30种适应"看名识植物大法"植物种类，分别做了文字和图片记录，大家很快按着记录资料，牢牢地识别了这些植物，成为小组中识别植物5强手。他们还把资料进一步整理成《适应"看名识植物大法"的植物档案》，图文对照，非常便于学习和记忆。

这里是他们的部分成果：

适应"看名识植物大法"植物种类记录表

填表时间：_____   填表人：_____

序号	名称	科名	与名称相应的形态特征	图片编号	备注
1	金银木	忍冬科	初夏，一株植物上黄白两色花同时绽放，黄白相映	1-1，1-2，1-3	秋季果实红色
2	马褂木（鹅掌楸）	木兰科	叶片的形状像鹅掌，又像马褂	2-1，2-2，2-3，2-4	秋叶金黄色，花呈杯状
3	三色堇（鬼脸花、猫脸花）	堇菜科	一朵花上通常有三种颜色。花形色特别，5枚花瓣，很像猫儿脸	3-1，3-2，3-3	园艺品种，也有纯色、杂色、二色的

续表

序号	名称	科名	与名称相应的形态特征	图片编号	备注
4	猪笼草	猪笼草科	叶片的先端有一个笼子状的捕虫器，很像南方的猪笼	4-1, 4-2, 4-3	食虫植物
5	倒挂金钟	柳叶菜科	花冠呈钟形，吊挂在枝条上	5-1, 5-2, 5-3	
6	西瓜皮	胡椒科	叶片颜色形状花纹酷似西瓜	6-1, 6-2	
7	白皮松	松科	树皮不规则状剥落，老树的树干呈斑驳的白色，年轻的树干则白色、灰色、绿色、褐色相间。像迷彩服的花色	7-1, 7-2, 7-3	叶子呈针状，是三针一束
8	猥实	忍冬科	果实棕褐色，很硬骨质，上面长满黄色刺刚毛，像自卫的刺猬	8-1, 8-2, 8-3	花萼外面生有密密的白色绒毛，花粉红、桃红、浅紫色
9	生石花（石头花）	番杏科	形态酷似卵石	9-1, 9-2, 9-3, 9-4	形似卵石的结构是它变态的肉质叶
10	松果菊	菊科	花酷似松果的造型	10-1, 10-2, 10-3	一个松果样花是有许多朵小花组成的
11	石莲花	景天科	看去像玉石雕刻的莲花。肉质的叶子卵形，像莲花瓣一样排列在很短的茎上，形成莲花造型	11-1, 11-2	很少分枝。叶色略带粉蓝，有白粉

续表

序号	名称	科名	与名称相应的形态特征	图片编号	备注
12	鹤望兰（天堂鸟、极乐鸟）	旅人蕉科	花形奇特艳丽，由橙黄、蓝、白、红色组成一个花序，很像仙鹤翘首远望的姿态	12-1，12-2，12-3	
13	琴叶榕	桑科	叶片先端膨大类似提琴的形状	13-1，13-2	叶片厚革质，有光泽
14	鸡冠花	苋科	花的形状和质感很像鸡冠	14-1，14-2	以红色为主，还有黄、白、紫红等多种颜色
15	光棍树（绿玉树）	大戟科	枝条碧绿、光滑、肉质，呈圆柱状，整株没有叶片或只在枝条顶端有少量很小的叶片	15-1，15-2	靠绿色的茎进行光合作用
16	火炬花（火把莲）	百合科	花红色，数百朵筒状小花排列成火炬的形状	16-1，16-2，16-3	
17	蟹爪兰（蟹足）	仙人掌科	茎是扁平状的，节节相连，茎的边缘有尖齿，形状很像蟹爪	17-1，17-2	叶子退化了
18	佛手	芸香科	果实很像手的形状，可以有不同姿态的手形	18-1，18-2，18-3，18-4	
19	红掌（花烛）	天南星科	花形奇特，像一个向上展开的红色手掌（即花苞）中，托着一根黄色的直直的小蜡烛	19-1，19-2，19-3	"小蜡烛"是很多小花组成的。有些品种的花序是为绿色、粉红色

续表

序号	名称	科名	与名称相应的形态特征	图片编号	备注
20	火鹤花（红鹤芋）	天南星科	花像一个遍体火红的曲颈高歌的仙鹤	20-1，20-2，20-3	红色的花苞是身体，红色卷曲的花序是脖颈
21	狗尾红	大戟科	花鲜红色，长而下垂，像狗尾巴的形状	21-1，21-2	一条"尾巴"包含很多朵小花
22	玉簪	百合科	花形很像古代妇女发髻上的白玉簪	22-1，22-2，22-3	花多为白色，也有紫红等色。此花传说是仙女在瑶池聚会，酒醉后发间玉簪坠落人间所化
23	五色梅	马鞭草科	花黄色、橙色、粉红色、深红色、白色。一株植物上开着不同颜色的花	23-1，23-2，23-3	花色根据开放的不同时期不断变化的。全株有怪味
24	酒瓶兰	龙舌兰科	茎干下部膨大，形似酒瓶；叶形像兰花，细长呈线状	24-1	
25	羊蹄甲（红花紫荆、洋紫荆）	豆科	叶子圆形，先端2裂，像羊蹄的形状	25-1，25-2	花红色。是香港的区花

注：

花序：很多花按一定规律着生在一个总花柄上，构成花序。如，花烛的"小蜡烛"狗尾红的"红尾巴"，松果菊的"大菊花"。

"小灵通"把他们的《适应"看名识植物大法"的植物档案》拿给老师看了，老师说档案做得很有创意，利用一些植物名形相映的特点，来快速识别和记忆植物，方法很巧。建议他们把档案做成展览，协助其他同学学习。他们采纳了老师的建议，展览引起了许多同学的关注，很多同学也开始试着按这个方法记植物，有的也加入了筛选名形相映植物的队伍。看着展览办得红红火火，几个好朋友凑到一起总结起来。"机关枪"无限感慨："这植物的名字起的还真有讲究，好多都是一语点中形态要害呀！""显微镜"远志说："只要找到好方法，多识别点植物其实很容易。""智多星"杜仲说："今后咱们学习呀，得像'小灵通'一样，多动脑子想办法。凡事都有规律，只要我们抓住规律，就很容易成功了。""小问号"川贝说："咱们可以吸收那些有兴趣的同学，一起给档案再增加一些植物种类，让它更丰富些，过一段时间，再做一次展览。"大家都说是个好主意，明天就开始。

　　附：适应"看名识植物大法"的植物档案中植物图片

1-1　　　　　　1-2　　　　　　1-3

2-1　　　2-2　　　2-3　　　2-4

3-1 　　　　　　3-2 　　　　　　3-3

4-1 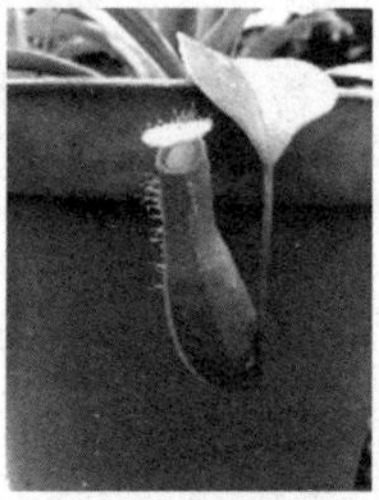　　　　　　4-2 　　　　　　4-3

5-1 　　　　　　5-2 　　　　　　5-3

6-1 　　　　　　6-2

7-1　　　　　　　7-2　　　　　　　7-3

8-1　　　　　　　8-2　　　　　　　8-3

9-1　　　9-2　　　9-3　　　9-4

植物篇

10-1　　　　　　　10-2　　　　　　　10-3

11－1 　　　　　　　　11－2

12－1 　　　12－2 　　　12－3

13－1 　　　　　　　　13－2

14－1 　　　　　　　　14－2

15 – 1  15 – 2

16 – 1  16 – 2  16 – 3

17 – 1  17 – 2

18 – 1  18 – 2  18 – 3  18 – 4

植物篇

19 – 1　　　　　19 – 2　　　　　19 – 3

20 – 1　　　　　20 – 2　　　　　20 – 3

21 – 1　　　　　　　　21 – 2

22 – 1　　　　　22 – 2　　　　　22 – 3

23－1

23－2

23－3

24－1

25－1

25－2

植物篇

读者参与

（1）"智多星"杜仲新得了一盆含羞草，忍不住总想逗它玩儿。碰碰叶子，它的小叶马上抱拢起来，然后整个叶柄都耷拉下去，就像一个人害羞时不好意思地低下头、蜷缩起身体一样。真是名副其实，太形象了！玩着玩着，他忽然眼前一亮，是不是有许多植物的名字跟它的特性相关呢？对呀，死不了花不就是因为生命力顽强得名的吗！也许可以再做一套"看名知植物大法"的植物档案！想到这里，"智多星"一下子跳起来跑出门，找他的好朋友分享自己的新发现去了。

你觉得"智多星"的想法可行吗？你愿意帮他验证一下吗？你有什么其他的设想吗？

谜语中的药材名

● 药铺关张

● 名郎中勿医相思病

2. 快来数一数——社区植物大调查

情景导入

川贝、辛夷和杜仲住在同一个小区，小区的绿化很好，种了许多花草树木，就像一个大花园。一天，三个小伙伴在小区玩滑板，玩累了，坐在小区内的椅子上休息。川贝刚坐下，就发现对面的树上挂着一个牌子。川贝好奇地走过去，想看看牌子上写的是什么，只见上面写着：

【学名】Populus canadensis Moench

【中文名】加拿大杨

【别名】加杨，欧美杨

【分类】杨柳科（Salicaceae），杨属（Populus）

【用途】加拿大杨树高大，树冠宽阔，叶片大而具有光泽，夏季绿荫浓密，很适合做行道树、庭荫树及防护林用。由于它具有适应性强、生长快等特点，已成为我国华北及江淮平原最常见的绿化树种之一。

川贝又看看旁边不同的树，上面也挂着牌子，只是内容不同。他马上对辛夷和杜仲说："你们快过来看看，这些树上挂着一个牌子。"

杜仲说："这是在告诉大家是什么树。"

辛夷提议："咱们能不能统计一下咱们小区一共有多少种植物。"

这个提议得到了川贝和杜仲的赞同。

第二天课间，杜仲找到了白芷老师，把他们想调查社区植物种类的想

法告诉了他，白芷老师决定和他们一起参与调查活动。

（1）活动准备

放学后，川贝、辛夷、杜仲和同学们到达约定地点，开始了社区植物调查活动。

分组：3~5人一组。

（2）活动内容

每组选择一条调查路线，将本组调查路线画图。仔细观察植物的茎、叶、花、果实等的主要特征，根据要求填写社区植物调查表。

编号	植物名称	观察地点	特征		记录内容
			生长形态	□乔木 □灌木 □藤本 □草本	学名： 中文名： 别名： 分类： 用途：
			叶型	□单叶 □复叶	
	（照片）	（照片）	叶序	□对生 □互生 □轮生 □簇生	
			叶缘	□全缘 □非全缘	
			叶脉	□平行脉 □网状脉	
			开花	□明显 □不明显	

注意事项：

①注意交通安全，组织纪律。

②不要随意采折植物、践踏草坪，不乱吃野果，小心带刺的植物。

③如遇不认识且无名牌植物，需采集植物叶标本。

（3）汇报成果

中文名：小檗　　　　　　　　　学名：Berberis thunbergii DC

别名：日本小檗　　　　　　　　小檗科 Berberidaceae 小檗属

落叶小灌木，小枝多红褐色，有沟槽，具短小针刺，刺不分叉，单叶互生，叶片小型，倒卵形或匙形，先端钝，基部急狭，全缘叶，叶表暗绿，光滑无毛，背面灰绿，有白粉，两面叶脉不显，入秋叶色变红，腋生伞形花序或数花簇生（2～12朵），花两性，萼、瓣各6枚，花淡黄色，浆果长椭圆形，长约1厘米，熟时亮红色，具宿存花柱，有种子1～2粒。

用途：可用于绿篱、观赏和药用。

中文名：女贞　　　　　　　　　　学名：Ligustrum lucidum Ait.

别名：女桢、蜡树、桢木、将军树　木樨科 Oleaceae 女贞属

女贞是木樨科女贞属常绿灌木或小乔木。原产于我国，广泛分布于长

江流域及以南地区，华北、西北地区也有栽培，能耐-10℃左右低温，是园林绿化中应用较多的乡土树种。传说是古代鲁国一位女子的名字。因其"负霜葱翠，振柯凌风，而贞女慕其名，或树之于云堂，或植之于阶庭"故名。形态特征：叶革质而脆，卵形、宽卵形、椭圆形或卵状披针形，长6～12厘米，无毛。圆锥花序长12～20厘米。核果矩圆形，紫蓝色，长约1厘米。常绿乔木，树冠卵形。树皮灰绿色，平滑不开裂。枝条开展，光滑无毛。单叶对生，卵形或卵状披针形，先端渐尖，基部楔形或近圆形，全缘，表面深绿色，有光泽，无毛，叶背浅绿色，革质。6～7月开花，花白色，圆锥花序顶生。浆果状核果近肾形，10～11月果熟，熟时深蓝色。

用途：行道树和庭院观赏树；木材可做细木家具材料；果实入药，治肝肾阴亏等。

听老师讲

社区植物是指用于美化、绿化、净化社区环境的植物。

社区中的植物有草本植物，有木本植物；有乔木，有灌木；有的生活在水中，有的生活在陆地；有的生活在潮湿的环境中，有的生活在干旱的环境中。在进行社区植物的调查时，不仅要注意观察各种植物的形态结构特点，还要注意这些植物的生活环境。

我们的祖国幅员辽阔，地形复杂，气候多样，为不同植物的生活提供了十分有利的自然条件，因此，我国的植物种类繁多，植物资源丰富。据统计，已知的高等植物就有3万余种，占世界种数的1/10。丰富多彩、形态各异的植物带来了绿色、宁静和清新的空气，给我们营造了一个清洁、幽静、优美、温馨的环境，这是由于绿色植物具有吸尘、杀菌、消声、调解空气湿度等作用的结果。因此，要大力提倡植树种草绿化社区。在社区里栽种植物时，要选用一些形态优美、颜色鲜艳、易管理、好成活、具有一定经济价值的种类，并合理搭配乔木、灌木和草本植物，努力使社区植物在绿化、净化、美化环境中发挥作用。

（1）对你周围环境做一次植物调查。

（2）你的成果汇报。

（3）统计整理。

谜语中的药材名

● 三十除以五

● 举国同庆

3. 校园处处皆有诗——认识我们的校园植物

情景导入

我们的校园三季有花,四季常青,绿树成荫,花团锦簇,四季如春。走在校园里仿佛徜徉在花的海洋。窥校园的一角,可见我们校园的美丽。校园内还有许多漂亮的花卉,如海棠、牡丹、榆叶梅等。

图 1-3-1　校园一角

图 1-3-2　海棠花

图 1-3-3　牡丹

图 1-3-4　榆叶梅

（1）了解校园

学校组织以班为单位参加的专题诗歌比赛，初二（1）班的同学经过讨论选择了校园植物做主题，将生物学知识与诗歌联系起来。白芷教师要求同学们先到校园内看一看植物上挂的名牌，整理出校园植物名录。

（2）成果汇报

植物名称：_____

照片：

对这种植物的了解：

歌颂这种植物的诗歌：

植

物

篇

(3) 体会生物的多样性

雪松、圆柏、银杏、杜仲、香椿、毛白杨、加拿大杨、垂柳、泡桐、紫丁香、国槐、玉兰、樱花、龙爪槐等乔木，小叶黄杨、冬青卫矛、月季、黄刺玫、榆叶梅、紫荆、石榴、山梅花、连翘等灌木，葡萄、紫藤、凌霄等藤本植物，鸢尾、萱草等草本宿根花卉和很多没有挂牌的植物蒲公英、苋菜、马齿苋、马塘狗尾草等。

通过活动同学们感到生物的种类真多，用途真广泛，我们的衣、食、住、行、用都与植物有着密切的关系。

(4) 感悟自然美和祖国传统文化的魅力

新的任务是4~6人一组。每组选择1~2种植物练习用诗歌式的语言描述和赞美植物，查找并摘录与其相关的古今名人的诗歌。

第一小组选择了月季，同学们通过书和网络查找到了有关月季的相关资料，由一个同学给大家介绍：

蔷薇科、蔷薇属，落叶或常绿灌木。其花有红、黄、白、橙、紫等深浅各种色彩，并具芳香。三季开花，素有"花中皇后"的美称，已传播到世界各地。在百花园中，月季以它的花形俏丽、色彩鲜艳、芳香宜人和花期长久而深受人们喜欢，是许多城市的市花：北起辽宁的大连市，南至广东的佛山市，东从山东的青岛市，西到陕西的咸阳市，有30多个城市以月季做市花。月季原产我国，已遍布世界各地，对环境适应性较强。喜阳光充足和温暖湿润，较耐寒。月季繁殖容易，栽培管理简单，用扦插或嫁接皆易成活，耐旱耐寒、病虫害少，寿命长，便于普及推广和发展。

咏月季诗

徐积（宋）

谁言造物处，

独遣春光中。

叶里深藏碧，

枝头常借日边红。

曾陪桃李开时雨，

仍伴梧桐落后风。

费尽主人歌与酒，

不叫闲却卖花翁。

图1-3-5 月季

第二组同学选择了紫荆花参加比赛，同样由组内的一个同学先介绍紫荆花的知识：

紫荆先花后叶，早春叶前开放。无论枝、干布满紫色花朵，艳丽可爱。叶片心形，圆整而有光泽，光影相互掩映，颇为动人。多成丛种植庭院、建筑物前及草坪边缘。紫荆树皮花梗可入药，有解毒消肿之功效；种子可制农药，有驱杀害虫之功效。具有清热凉血、祛风解毒、活血通经、消肿止痛等功效。可治疗风湿骨痛、跌打损伤、风寒湿痹、闭经、蛇虫咬伤、血气不和、狂犬等病症。木材纹理直，结构细，可供家具、建筑等用。

见紫荆花

韦应物（唐）

杂英粉已积，

含芳独暮春。

还如故园树，

忽忆故园人。

图1-3-6 紫荆花

第三组同学选择了玉兰参加比赛，同样由组内的一名同学介绍玉兰的相关知识：

白玉兰是落叶乔木。冬芽密被淡灰绿色长毛。叶互生。花先叶开放，玉兰花白如玉，花香似兰，其树型魁伟，高可达15米。玉兰性喜光，较耐寒，玉兰花对有害气体的抗性较强，如具有一定的抗性和吸硫的能力。玉兰是大气污染地区很好的防污染绿化树种。

题玉兰　　　　　　**玉兰诗**

沈周（明）　　　　　睦石咏（明）

翠条多力引风长，　　霓裳片片晚妆新，

点破银花玉雪香。　　束素亭亭玉殿春。

韵友自知人意好，　　已向丹霞生浅晕，

隔帘轻解白霓裳。　　故将清露作芳尘。

图 1-3-7　白玉兰

其他组的同学吟诵的古人诗句：

咏柳　　　　　　　**杨柳**

贺知章（唐）　　　　王安石（宋）

碧玉妆成一树高，　　杨柳杏花何处好，

万条垂下绿丝绦。　　石梁茅屋雨初干。

不知细叶谁裁出，　　绿垂静路要深驻，

二月春风似剪刀。　　红写清波得细看。

图 1-3-8　柳

晓出净慈寺送林子方　　**小池**

杨万里（宋）　　　　杨万里（宋）

毕竟西湖六月中，　　泉眼无声惜细流，

风光不与四时同。　　树阴照水爱晴柔。

接天莲叶无穷碧，　　小荷才露尖尖角，

映日荷花别样红。　　早有蜻蜓立上头。

图 1-3-9　荷花

 **读者参与**

（1）下面这首小诗描述的是哪种植物？

　　依依袅袅复青春，

　　勾引春风无限情。

白雪花繁空扑地,

绿丝条弱不胜莺。

（2）根据右面的图片写出一首描述此种植物的诗歌。

（3）你是怎样欣赏和感悟大自然的美的？从美的角度谈一谈你对生物多样性的认识？

（4）面对生物对人类的馈赠，你认为人类该如何对待生物和它们的生存环境？

谜语中的药材名

- 百两银子买张皮
- 牧童

4. "离开妈妈走天涯"——植物的种子是怎样传播的

情景导入

学校组织秋季郊游,川贝为拍蝴蝶的照片走进草丛,出来时裤子扎了许多鬼针草的果实,在他边走边摘的时候,白芷老师说:"川贝,鬼针草感谢你。"川贝丈二和尚摸不着头脑,不知道这是什么意思。

辛夷嘴快,赶忙问:"老师,鬼针草为什么要感谢川贝?"白芷老师笑而不答。

杜仲说:"我知道,因为川贝帮助鬼针草传播它的种子。"白芷老师笑着点点头。

这时,川贝问了:"老师,植物种子是怎么传播的呢?"

听了川贝的问题,白芷老师首先安排他们分组,就近采集一些植物的果实和种子,观察它们的结构,并判断它们的种子可能的传播方式。

(1) 分组:2人一组

(2) 活动时间:秋季

(3) 活动地点:野外采摘

(4) 活动过程:采集果实和种子→记录采集结果

采集结果

组别：第_____组

采集果实及种子	果实及种子的结构	可能的传播方式

白芷老师展示了同学们采集到的几种果实、种子和画的图，让同学们仔细观察，将结构相似的果实和种子摆放到一起。

图 1-4-1 臭椿的翅　　　　1-4-2 苦菜的瘦果和冠毛

图1-4-3 莲蓬和其内的坚果

1-4-4 鬼针草瘦果具芒状短

图1-4-5 苍耳具钩的总苞刺

图1-4-6 红提（浆果）

图1-4-7 沙棘（浆果）

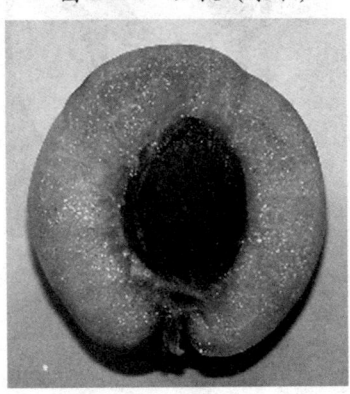

图1-4-8 杏核果

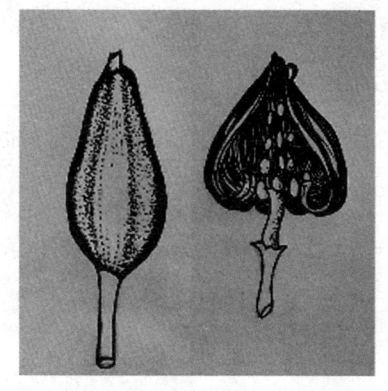 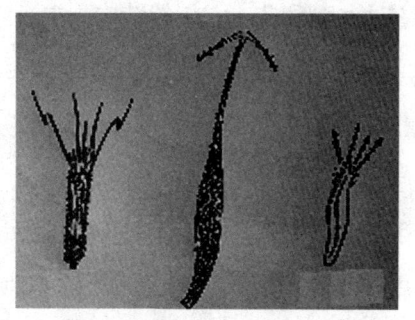

图 1-4-9 凤仙花的蒴果和开裂的果　　　图 1-4-10 几种具钩毛的果实

此时，杜仲朗诵起了一首儿时的童谣："有一朵毛茸茸的小花，微风轻轻一吹，我离开了亲爱的妈妈，飞啊，飞啊，飞到哪儿，哪儿就是我的家。"

远志说："这不是在说蒲公英嘛，我知道了，蒲公英靠风传播种子。"

川贝赶紧接着说："柳树，杨树也是这样。飘起柳絮、杨絮的时候，我的鼻子可痒痒了。"

远志平时观察仔细，马上补充道："蒲公英、杨絮、柳絮都有羽毛一样的东西。"

白芷老师点点头，说："你们真聪明。有些种子会长出形状如翅膀或羽毛状的附属物（见图1-4-1），乘风飞行。具有羽毛状附属物的种子大多为草本植物，例如菊科的黄鹌菜，木本植物则有柳树及木棉等。另外有些细小的种子，它的表面积与重量的相对比例较大，种子因此能够随风飘散，像兰科的种子。菊科植物蒲公英的瘦果，成熟时冠毛展开，像一把降落伞（见图1-4-2），随风飘扬，把种子散播远方。而荷花结的莲子风就不是靠风传播了，是靠水，随水飘荡（见图1-4-3）。"

鬼针草、苍耳则是利用本身带的芒（见图1-4-4）或刺（见图1-4-5），当动物与它们相互碰撞时就挂在动物体表，随动物运动到别的地方。你们不同小看这些刺和芒，它们的结构非常适应钩挂在动物的体表（见图1-4-10）。

川贝平时善于思考，又问了："白芷老师，我最喜欢吃葡萄了，葡萄籽那么重，怎么传播种子，靠水吗?"

"葡萄（见图1-4-6）、沙棘（见图1-4-7）色彩鲜艳，香甜可口，小鸟看了想吃，吃了一个，越吃越好吃，越吃越想吃，而它们的种子外面有厚厚的皮，动物不消化，葡萄、沙棘的种子就随鸟的粪便一起排出来了，所以，鸟儿吃了它们的果实，飞到哪里就可能将种子传播到哪里。大概两年的时间，葡萄就会发芽。通过动物吃这类方式传播的种子不仅有浆果，动物吃进果实，种子随粪便排出的，还有杏核果（图1-4-8），"白芷老师刚刚说到这，辛夷抢过话茬说："孙悟空吃桃一边吃，一边扔。"大家都笑了。

川贝摇摇头说："种子的传播太奇妙了！"

白芷老师接着说："植物的种子在传播时，除了有依自然力风和水的，有利用动物的体表和体内的，也有的植物自力更生，依靠自身传播，比如凤仙花的蒴果，果实成熟开裂之际会产生弹射的力量，将种子弹射出去。"

 读者参与

（1）了解其他季节中出现的果实和种子如何传播。

（2）通过更进一步的观察，了解各种传播方式的果实和种子有何结构特点。

谜语中的药材名

● 九九归一

● 穿群而过

5. 柳哨悠悠唱春天——植物木质茎的结构

情景导入

秋季校园的花坛边堆放着修剪下一些柳树的枝条,看着这些柳条,川贝突然想起儿时学过的一首小童谣:

柳条青,柳条弯,

柳条垂在小河边。

折支柳条做柳哨,

吹只小曲唱春天。

说着童谣,川贝找来了一段柳条,想做一个小柳梢。可是川贝不会做,只好等回家问爸

图 1-5-1

爸。川贝爸爸告诉他:"拿一把小刀,先把柳条一端的皮削去一截,露出里面白色的木心,然后两手握住柳条有皮的部分,两手反方向的用劲拧,使柳条皮松动,表明皮和木心已分开,然后用小刀把另一端切开,只把皮切断,木心不切断,用手一抽,那段松动的柳皮就会完整的从木心上抽出来。不能有一点儿破的地方,否则就吹不响了,至少要有4~5厘米长,短了也难吹响。把一头稍压扁,用刀刮去绿色表皮,露出里面浅绿色的一层,大概7~8毫米就行,作为哨头,从这头吹才好吹响。"

川贝用爸爸教的方法做柳哨,可拧了半天树皮拧不下来。川贝找来小伙伴们帮忙拧,可大家铆足了劲也没成功。

恰巧白芷老师看见他们,告诉大家,要做柳哨呀,必须用春天的柳枝。

"这是为什么呀?"带着这个疑问,小伙伴们跟着白芷老师到实验室去探个究竟。

实验准备一

(1) 实验材料及用具:1~3年生的柳树茎切成5厘米的小段、小刀、解剖针、放大镜。

(2) 实验过程:

①环割新鲜柳树茎的树皮;

②用手摸剩下的木质部;

③用解剖针试探木质部和髓的硬度。

(3) 探讨:

①观察柳树茎的树皮内外有什么不同?

②通过手摸,能否感知形成层的存在?

③木质部和髓有何功能?

实验准备二

(1) 实验题目:制作柳树茎的临时装片。

(2) 实验材料及用具:3年生柳树条、刀片(刮胡须用的刀片)、间苯三酚溶液、载玻片、浓盐酸、甘油、吸水纸、蒸馏水、盖玻片、

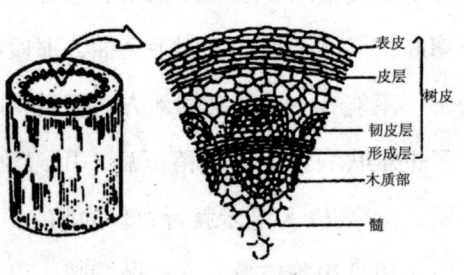

图1-5-2 双子叶植物茎的结构

载玻片。

（3）实验步骤：

①在3年生的柳树枝条上切取2厘米左右的一小段，用刀片进行徒手切片。

②选取较薄的切片材料放在载玻片上，加一滴间苯三酚溶液（用4%的酒精溶解了的），稍待，再加一滴浓盐酸，就可以看到切片的木质部逐渐染成红色。

③吸去切片上多余的染料，加一滴水，盖上盖玻片，就可以用显微镜进行观察了。用间苯三酚染色以后，切片容易褪色，如用甘油封片，可以延长着色的时间。

④显微镜下观察临时装片。

（4）实验结果：

①表皮：细胞排列_____，细胞间隙比较_____，起_____作用。

②韧皮部：在茎的横切面呈_____状排列，其中还有韧皮纤维和输导有机物的_____管。

③形成层：只有_____层细胞组成，呈_____状排列，细胞能不断地进行细胞分裂，向外形成韧皮部，向内形成木质部。

④木质部：位于茎的_____，其中较大型的细胞是_____，具有输导水分的功能，较小的细胞是木纤维等，三个年轮也可以清晰地看到。

⑤很多情况下，开可以在茎的最中央看到_____，它们的细胞壁比较_____，常有储存营养物质的功能。

（5）绘制柳树茎结构示意图。

听老师讲

树干的最外层是树皮，树皮大部分属于木本植物的韧皮部，韧皮部包裹的是材质。材质是树干的木质部，木质部是木材的来源，因而又称为木材。在韧皮部和木质部之间有一层生长特别活跃，处于不断分裂增生状态的细胞层，这一细胞层就称为形成层。树木的长粗主要是形成层细胞活动的结果。形成层细胞不断分裂，向内形成新的木材，向外形成新的韧皮部。

一经锯断，树皮与木材便可分得很清楚。树皮的颜色比木材深，由于形成层的细胞幼嫩，细胞壁薄，容易损坏，所以树皮很容易撕下，尤其春夏之间，形成层生长最活跃期间，更容易将其剥离，所以在春季适于做柳哨。

年轮亦称生长层或生长轮。木本植物茎横切面上的同心圆轮纹。通常每年形成一轮，故名年轮。每一轮代表一年内所形成的木质部，包括当年的早材和晚材。因形成层活动随季节更替而表现出有节奏的变化，故一年之中由形成层活动所增生的木质部亦显现出结构上的差异。以生长在有寒暖季节交替的温带和亚热带，或有干湿季之分的热带的乔木和灌木最为明显。

在春夏季，形成层活动旺盛，所形成的细胞径大、壁薄，因而所形成的次生木质部色淡而宽厚，结构疏松，称早材或春材；在夏末及秋季或干旱季节，形成层活动减弱，所产生的细胞径小、壁厚，因而所形成的次生木质部色深而狭窄，结构致密，称晚材或秋材。当年形成的早材和晚材逐渐过渡，共同组成一个年轮。当年的晚材和次年的早材之间，界限分明，出现轮纹，称年轮线。多年的年轮线在横切面上形成了若干同心轮纹，使木材的横切面上显现出年轮。在生产和科研中，根据树干基部的年轮数，可推断树木的年龄。有些植物（如柑橘）一年之内不只形成一个年轮，这样的年轮，每一个不代表一年的生长量，故称假年轮。在虫害、气候异常等特殊情况下，树木的茎内也可能形成假年轮。

谜语中的药材名

● 月中神树

● 红色顾问

6. 两个细胞看管的门——叶片上的气孔

情景导入

生物科技小组活动成员川贝、辛夷、杜仲和远志等走进实验室。"怪了，今天老师要教我们补自行车胎！"杜仲看到实验桌上的自行车内胎、胶水、剪子和木锉等工具和材料说。白芷老师看到同学都到了，说："今天我们的活动内容是'补自行车内胎'。你们每2个人一组，按照我说的方法补内胎。"

边玩边学

（1）实验步骤

①用剪子截取40厘米长的自行车内胎两段，注意要避开有气门的地方。

②剪除部分内侧壁，两端剪除部分长度的和22厘米（如图1-6-1所示）。

图1-6-2

③向圆筒部分内填充少许泡沫塑料，将这部分内胎撑起来。

图1-6-1　　图1-6-3

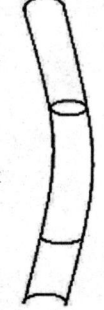

④将仅余外侧壁的部分从基部分向内侧折叠，用胶水将内、外两壁黏合在一起。形成内侧壁两层，外侧壁一层不漏气的弧形筒（如图1-6-2所示）。

⑤在两个弧形筒边侧壁上各烫一个直径0.5厘米的孔；在该孔上装自行车气门（注意：两个孔的位置要对称）。

⑥将两个弧形筒的内侧两端用胶水粘在一起（如图1-6-3所示）。

⑦两根15厘米长的乳胶管一端连在"气门"上，另一端连在医用听诊器三通上，50厘米长的乳胶管一端与医用听诊器三通相接，另一端与血压计皮球的出气口相接。

同学们在白芷老师的指导下，完成了"补胎"的任务。

"我们来试一试这个教具。"老师说，教具？这是教具？同学们用疑问的目光相互对视着。

"关闭血压计皮球的排气阀，再用手连续挤压血压计皮球，同时观察两个弧形囊和它们之间空隙大小的变化。"老师对同学们说。随着充气两个囊逐渐变粗，它们之间的空隙逐渐变大。打开血压计皮球上的排气阀门，放出气体；弧形囊恢复，中间的空隙也恢复到原来的大小。再重复前面的操作，现象与前述相同。同学们还在纳闷，这是用来说明什么问题时，老师说："拿好你们今天做好的教具，明天生物课上用。"

（2）总结提升

第二天的生物课学习的是叶的结构，当讲到组成气孔的保卫细胞能够根据叶片含水量的多少调节它们之间的空隙大小，从而控制叶片水分的蒸腾速率保护植物体时，有的同学提出了疑问；气孔由两个半月形的保卫细胞围成（见图1-6-4）。保卫细胞朝向气孔一侧的细胞壁较厚，对侧的细胞壁较薄，这样的结构如何在植物叶片含水分充足时气孔张开比较大，反之植物叶片含水分少时气孔张开小？

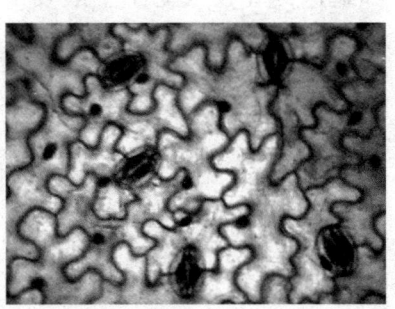

图1-6-4　鸭趾草叶表皮

生物小组的同学，拿出昨天活动制作的教具给大家演示了一下。老师并没有正面解答同学的疑问。迟疑了瞬间，远志一拍脑门站了起来。他显得很兴奋，好像刚刚悟出点什么。他拿出教具说："这如同是一个气孔，由自行车内胎制成的两个囊就如同是两个保卫细胞，它的结构特点是：内侧壁厚外侧壁薄，它们之间的空隙就如同气孔的孔隙；我向里面充气就如同保卫细胞内水不断增加，向外放气如同保卫细胞内水不断减少。"他边说边演示给大家看。这会儿同学们明白了，一侧薄、一侧厚的弹性物质结构当体积增大时薄的一侧形变多，就保卫细胞而言是气孔外侧的细胞壁薄，自然是向外凸从而连带着壁厚的内侧发生弯曲；使得保卫细胞之间的空隙变大；反之，相反。

听老师讲

不同植物气孔的数目及其分布状态不同，一般陆生植物下表皮气孔的数量多于上表皮气孔的数量；浮在水面的植物叶子，如睡莲，气孔仅见于上表皮（图1-6-5）。仅从此处我们也能看到生物对环境的适应。

气孔是植物叶片气体进出的门户，如果气孔被堵，会影响气体的进出，从而影响植物

图1-6-5　红睡莲

光合作用、呼吸作用和蒸腾作用，严重时会造成植物死亡。一方面我们知道植物有吸附尘埃、净化空气的作用；另一方面我们也要清楚如果尘埃过多也会影响植物的正常生长。生物只有在适应环境生存了，才可能影响环境。

谜语中的药材名

● 五月十五

● 苦熬三九

7. 它叫死不了——晒不干的马齿苋

情景导入

暑假到了，"小问号"川贝、"机关枪"辛夷、"智多星"杜仲、"显微镜"远志聚到了一起。"今天天气不错，我们出去逛逛吧。"杜仲提议道。"好啊好啊，好久都没出去过了，我们就去郊区转转吧。"辛夷马上附和。说去就去，四个人准备了一下，就出发了。

"这不是马齿苋吗？""真是我们平常吃的马齿苋哦？咱们挖点回去吧，晚上吃凉拌鲜马齿苋，我妈妈做的可好吃了。""好，咱们多挖点。"大家争先恐后地挖了起来。川贝也挖了好多马齿苋回家。

鲜马齿苋凉拌了好吃，放到冬天做马齿苋馅饺子也很好吃啊，川贝一下就想到春节在爷爷家吃的饺子，别有风味啊。"要是把这晾干，给爷爷送去，今年春节就能吃到用我挖的马齿苋做的饺子了，真好。可是，这马齿苋要想留到冬天就必须得先晒干啊。"川贝马上就把马齿苋收拾了一下，晒到太阳底下。三天过去了，川贝再一看，马齿苋非但没干，都没萎蔫。这是怎么回事？这么大的太阳，马齿苋为什么没干呢？还是问问爷爷吧。

川贝马上给爷爷打了个电话："爷爷，我挖了好多马齿苋，怎么就晒不干呢？""你是怎么晒的？""就是收拾干净之后直接拿到太阳底下晒的，都不萎蔫。""马齿苋直接晾晒是晒不干的，必须要先用开水烫一下。""为什么呢？""这个我也不清楚，只是听说啊，很久很久以前，有个传说。传

植物篇

说后羿射日的时候，射下了9个太阳，剩下那一个就躲在马齿苋后边，才活了下来。后来这个唯一的太阳为了报答马齿苋的救命之恩，决定以后无论多热的天气，都晒不死马齿苋。这个只是个传说，但是为什么马齿苋真的晒不死，我就不清楚了。"

川贝把辛夷、杜仲、远志喊了过来，说明了心中的疑问。

辛夷一听，觉得很奇怪："家里种的花花草草不浇水，没两天就干死了，怎么还有晒不死的？"

杜仲想了想，说："马齿苋晒不死就能说明它特别耐旱了吧，好多其他植物会晒死就说明它们不耐旱，肯定是它们之间结构有区别哦。但是到底哪些植物晒不死？哪些又晒死了呢？什么样的结构就最耐旱呢？"

这些小伙伴们决定要去找生物教师白芷问个明白。

白芷老师耐心地听完他们的问题，说道："杜仲想的没错，有的植物容易失水死亡，有些就特别抗旱，这跟它们的结构密切相关。但是什么样的结构才抗旱呢？为什么用开水烫过之后原来晒不死的也能晒干了呢？我们一起来观察，看能否找到原因。"

（1）材料用具：马齿苋、解剖刀、放大镜、三脚架、石棉网、烧杯、酒精灯等。

（2）实验步骤：

①采集植物：马齿苋。

②观察：用放大镜观察马齿苋的叶片和茎；用解剖刀倾斜切马齿苋的茎和叶，稍后用放大镜观察断面。

③对照试验：将马齿苋评分成两部分，其中一部分放置在烧杯中用水

烫煮后捞出；另一部不经任何处理、两部分马齿苋均放置在阳光下晾晒。2～4天后观察（因天气）。

每种植物至少取2株放进盛有开水的烧杯内烫一下。

（3）实验现象：马齿苋叶片的叶肉肥厚、肉质（见图1-7-1），叶片表面有一层蜡质；叶肉内含一些黏性物质（见图1-7-2）。

经过水烫煮的马齿苋被晒干了，没有经过烫煮的马齿苋没有被晒干。

图1-7-1 马齿苋

图1-7-2 马齿苋叶的新鲜断面

听老师讲

马齿苋肥厚肉质的叶片里存有比较多的水；叶片表面的蜡质能够帮助叶片保持水分，减少蒸发。叶肉内的黏性物质主要是半乳糖醛酸，同样可以减少叶片水分的散失，它还可以在植物出现"伤口时将伤口堵住"。

不仅是马齿苋，芦荟、仙人掌等耐旱植物都具有相同或类似的储存水分和减少水分蒸发的结构和物质。

马齿苋，别名长命菜、五行草、安乐菜、酸米菜、长寿菜、麻子菜。马齿苋科植物。

马齿苋食疗和入药的功效在《开宝重定新本草》、《本草经疏》、《本草正义》等古代医学典籍中都有记述。

中医认为马齿苋味酸，性寒，归肝、大肠经。具有清热解毒，凉血止血的功效。可用于热毒血痢，痈肿疔疮，湿疹，丹毒，蛇虫咬伤，便血，痔血，崩漏下血。

现代大多用于治疗肠炎、急性关节炎、膀胱炎、尿道炎、肛门炎、痔疮出血等病症。

马齿苋对胃肠道感染，皮肤粗糙干燥，维生素A缺乏，角膜软化，眼睛干燥，夜盲，小儿单纯性腹泻，小儿百日咳等症有一定的食疗效果。凡脾胃虚，腹泻的人忌食。

现在研究表明，马齿苋所含的d-亚油酸，是同等重量菠菜含量的6~7倍；SL3脂肪酸比任何其他已研究过的绿叶蔬菜都多，SL3脂肪酸是形成细胞膜，尤其是脑细胞膜与眼细胞膜所必需的物质。马齿苋还含有大量维生素E。

马齿苋对大肠杆菌、痢疾杆菌、伤寒杆菌等均有较强的抑制作用，特别是对痢疾杆菌的作用很强，所以，马齿菜适宜患有急慢性痢疾肠炎以及膀胱炎、尿道炎（轻度尿道畸形也可）的人服食。

谜语中的药材名

● 浪费钱财

● 冰山雪莲

8. 大力士的风采——种子萌发

　　一天上学的路上,"小问号"川贝对"机关枪"辛夷和"智多星"杜仲说:"昨天晚上我看电视连续剧《纪晓岚》里边有这么一段,说有人用发豆芽的方法,利用豆芽生长的过程把石头刻的观音像从土中顶出来,冒充观音显圣。可能吗?豆芽有那么大的力气吗?"

　　辛夷说:"我好像记得是谁讲过这么一件事,说一位生理学家为了研究人的头骨,需要将组成颅腔的多块头骨一块一块地分开,开始想了许多方法都无法达到目的;是一位植物学家给他出了一个主意,用大豆的种子将骷髅颅腔灌满,加水利用种子吸水膨胀的力量,终于将组成颅腔的头骨一块一块地分开了。还有说:有一艘远洋货轮在航行途中突然船身断裂船沉大海,后来调查发现事故原因是这艘船的舱里装满了大豆,航行中船舱漏水干燥的大豆种子吸水膨胀,把船体撑裂造成沉船。"

　　杜仲说:"你们说的都是文学作品和故事。我们做个实验验证一下,不就知道种子萌发到底有多大的力量了吗?"

　　同学们将要通过试验验证种子萌发力量的想法同白芷老师说了,得到老师的赞同,老师说:"你们说的实际是两件事:种子吸水膨胀和种子萌

发；试验也应该是两个。我看这样，川贝、辛夷、杜仲和远志你们现在一起设计一个试验，验证干燥的种子吸水膨胀的力量；回到家里问一问长辈怎样生豆芽。"

第二天，同学们到学校医务室找来2个大小一样的塑料药瓶，用干燥的大豆种子将瓶子灌满拧紧瓶盖；一个瓶子在瓶底和瓶盖上各用解剖针扎了一个孔使水能够流入，另一瓶子则没有扎孔，将它们同时放入装有水的水槽中。过了一会儿，他们看到扎了孔的瓶子在逐渐地膨胀，嘭的一声瓶子裂开了。

"老师，怎么解释这个现象？"辛夷问。"这是由于干燥的大豆种子吸水膨胀引起的；生物学上叫吸胀作用，是亲水凝胶物质遇水吸附水分子，并使其膨胀的过程。植物组织含有的蛋白质、淀粉、果胶和纤维素等都属于这类亲水凝胶物质。干燥的大豆种子内贮存着大量蛋白质遇水吸胀能力很强、产生的压力也很大。"白芷老师说。

"问清楚豆芽怎么发了吗？石头找了吗？"白芷老师问。辛夷抢着说："问清楚了，老师，您看这是昨天晚上我用清水浸泡的绿豆，已经冒出一点点小芽。"杜仲找了一个干净的花盆，用小石块堵着花盆下面的孔使水能漏下去而豆不会漏下去。辛夷将刚刚萌发的绿豆倒了进去，川贝在绿豆上盖2层湿纱布，远志把一块大石头压在纱布上，说："老师，我们每天早、晚各向盆内加一次清水；每次加水时做一次观察并记录。"

白芷老师问大家："同学们，你们的实验预期是豆芽在生长过程是能够还是不能够顶起石头？""能，绝对能。我外婆说原来她们就是这样生豆芽的。"辛夷说。"那你们想过豆芽生长时这种强大的力量是哪里来的？"老师接着问。大家相互对视了一会儿，杜仲说："是呼吸吧。"

"对，它们种子萌发的力量来自于植物的呼吸作用，呼吸作用指生物体利用氧气将细胞内的有机物分解为二氧化碳和水，同时释放出有机物中储存的能量。呼吸作用释放的能量除了满足生物体生命活动的需要外，还有一部分转变成热释放出来。"老师接着说："我们能不能设计一个实验来验证种子萌发产生热量？"小问号川贝说："这还不简单，让种子萌发，用手摸摸热不热就行了。"智多星杜仲说："不好不好。我有一个主意：用保温杯，里面放萌发的种子，然后用温度计测量温度。"通过讨论，决定做以下实验。

深入研究

（1）材料：双层玻璃保温杯一个，温度计一根，分液漏斗一个，玻璃管一根，橡胶塞一个，试管一只；澄清石灰水、清水和萌发的种子。

（2）制作：用酒精喷灯将玻璃距一端10厘米处加工成夹角45度左右的弯管，在橡胶塞上打三个孔。分别插入玻璃管（较短的一端）、温度计和分液漏斗，用橡胶塞塞住保温杯口。（见图1-8-1 种子萌发放热和产生二氧化碳的实验装置）

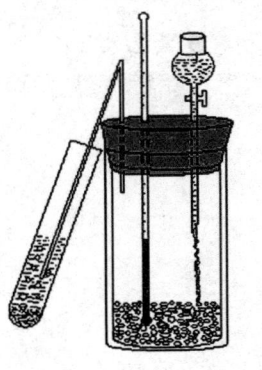

图1-8-1 种子萌发过程放热和产生二氧化碳的实验装置

（3）实验过程与现象：

① 将已萌发的种子放入保温杯内，记录此时种子周围的温度计的温度。

② 24小时后再次观察温度计的温度，并记录。

③ 向分液漏斗内加入清水，向试管内加入石灰水，打开分液漏斗的阀门；观察从实验装置中排出的气体使澄清的石灰水发生了什么变化。

	刚装入的萌发的种子	24 小时后萌发种子	温度差
温度 0℃			
试管内石灰水的变化			

实验结论：种子在萌发过程中产生_____气体，同时放出大量的_____（热、冷）；种子萌发过程释放的能量来自_____（光合作用、呼吸作用）。

谜语中的药材名

- 剧院灯熄
- 黑色丸子

9. 装满水的瓶子冒出了氧气 ——光合作用产生氧气

情景导入

生物课上，同学们看到白芷老师做了一个有趣的实验：拿一个500毫升的烧杯，在里面注入500毫升清水，倒入0.5克碳酸氢钠（老师说：加入碳酸氢钠的目的是增加水中二氧化碳的浓度）；再将一些金鱼藻放入水中，把一个漏斗倒扣在上面；接着又把一只装满水的小试管用拇指堵住管口，转移入水中倒扣套在漏斗上。老师将这个实验装置放置在教室向阳面的窗台上。叮嘱我们下课时"注意观察实验现象"——金鱼藻表面不断地有小气泡产生。

再上生物课时，大家注意到，试验装置中的小试管内已经没有多少水了。老师将手伸到水中再次用拇指堵住试管口将试管正着取出来；老师划着了火柴，又把它吹灭；当带有余烬的火柴伸到试管中，奇妙的事情发生了——火柴又燃烧起来了。

老师问："知道这玻璃管内是什么气体吗？"——氧气。

氧气能够助燃，火柴之所以能够在空气中燃烧是因为空气中有氧气，但空气中不仅有能够助燃的氧气还有许多不能助燃的气体，例如：氮气、二氧化碳等。小试管内的气体全部是氧气助燃烧的效果比空气好多了。

氧气是哪里来的——绿色植物通过光合作用产生的。

绿色植物利用光能，在叶绿体中以二氧化碳和水为原料生产有机物和氧气。小试管中的氧气就是收集金鱼藻光合作用产生的氧气。

生物科技小组活动时，"小问号"川贝提出："上课时老师做的带火星的木条复燃的实验没有看清，我们也做一下光合作用产生氧气的实验机。""机关枪"辛夷说："我去找烧杯、漏斗和试管。""智多星"杜仲连忙说："不用、不用，你去找老师要一个单孔塞就OK。""那你用什么做实验？"辛夷说："瞧我的吧！告诉你们，上课时

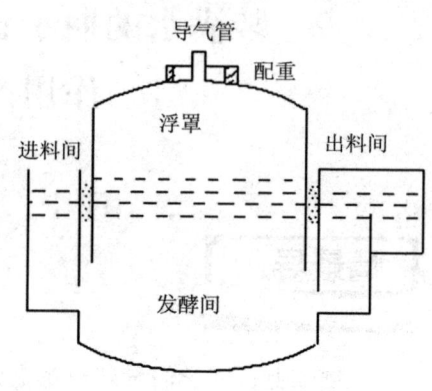

图 1-9-1　浮罩式沼气池

我就想好了，记着我们家的沼气池吗？——浮罩式的大桶套小桶。沼气池制的是沼气，光合作用制的是氧气都是制气。那总得要碳酸氢钠吧？""显微镜"志远说："不用，增加水中的二氧化碳我有办法——用口向水中吹气，把碳酸饮料的二氧化碳吹到水里。""你怎么知道你的办法行？"川贝问。"咱们做试验看看。"远志说。

（1）材料：1.25升饮料瓶一个、0.5升饮料瓶一个，3号或4号橡胶塞一个（塞子的大小根据0.5升饮料瓶瓶口的大小而定）、玻璃管10厘米一根、乳胶管10厘米、止水夹一个（可以不用）和金鱼藻或虎尾藻（沉水植物）等。

（2）实验步骤：

①用剪刀剪掉0.5升饮料瓶底部和1.25升饮料瓶的顶部。

②用打孔器在橡胶塞打孔上打孔，将玻璃管插入孔内，制成单孔塞；

将乳胶管套在单孔塞上的玻璃上。

③向剪掉顶部的1.25升饮料瓶中注入1升清水，加入1克碳酸氢钠（不加碳酸氢钠可改为用口反复向水中吹气或在单孔塞上套一段长乳胶管，将单孔塞插在一瓶碳酸型饮料上，单孔塞上的乳胶管另一端伸到水中，反复摇晃碳酸型饮料，使瓶内的二氧化碳气吹到清水中）。

④将若干枝金鱼藻从下面放入0.5升饮料瓶中。

⑤将0.5升饮料瓶（水草不要掉出来）慢慢放入1.25升饮料瓶中。

图1-9-2　　图1-9-3

⑥如果此时0.5升饮料瓶内水已经满了（如果不满适量加水至满），用单孔塞堵住0.5升饮料瓶的瓶口，将止水夹夹在乳胶管上（没有止水夹，可折一下乳胶管再用线捆上）（如图1-9-2）。

⑦将试验装置放置在阳光下观察。

⑧待0.5升饮料瓶内有气体产生，0.5升饮料瓶部分漂浮；用带有余烬的木条（火柴）接近乳胶管口，打开止水夹（如图1-9-3）。

（3）观察现象：

	用口吹入气体	通入饮料中的二氧化碳	加入碳酸氢钠
产生氧气数量的比较1			
产生氧气数量的比较2			
产生氧气数量的比较3			

注：图1-9-2、图1-9-3大饮料瓶上的黄色是一圈黄色胶带，只是为在照片中更好地区别大、小饮料瓶，没有其他作用。

现代科学证据显示：地球诞生距今46亿年，那时候的地球大气成分由氮气、二氧化碳、水蒸气和少量的氢气、一氧化碳和氯化氢等组成，没有氧气。21.3~31.8亿年前地球上出现了浮游植物，正是这些浮游植物的光合作用使大气中氧气逐级增多，二氧化碳不断减少；二氧化碳的减少使透射到地球表面的太阳光增加了，植物的光合作用增强了消耗，更多的二氧化碳释放出更多的氧气；11.8~21.2亿年前（元古宙早中期）大气中氧气的不断增多，二氧化碳不断减少导致大气平流层臭氧层的形成，臭氧层的出现大幅度减弱了太阳—紫外线对地表的辐射；这如同给地球上的生命罩上了一个保护伞，从而保证了地球生命演化的延续和生物进入多样性分化阶段。从这个过程看出，正是有了光合作用产生的氧气，才有了今天世界丰富多彩、生机盎然的生物界，才有了我们人类自己。

生活在当今时代的人，每时每刻都在直接或间接地燃烧着大量煤、石油、天然气，产生着大量的二氧化碳，消耗着大量的氧气；而与此过程相反，能够汇集二氧化碳产生氧气的只有绿色植物的光合作用。正是光合作用维系着大气中氧气和二氧化碳循环，使大气中氧气的含量保持相对恒定。稳定的氧气含量是各种动物包括我们人类生存的最基本条件。

谜语中的药材名

● 人工育珠

● 黑龙江

10. 走丢的水——植物的蒸腾作用

"小问号"川贝的外公、外婆都喜欢养花，从小川贝就经常同他们一起摆弄花草，给花浇水施肥。参加了生物科技小组的她突然想到总是给花草浇水，那水到哪去了呢？

百思不得其解的她在小组活动时向白芷老师提出了心中的疑问。白芷老师说："今天我们的活动分两个时段——现在和放学后，就是要探究这个问题，我们一起做几个试验。"

老师取来酒精灯、铁架台、铁圈、玻璃棒和蒸发皿，又从一个药品瓶中取出一些蓝色的晶体物质倒入蒸发皿中。同学看了看药品的名称：硫酸铜晶体（见图1-10-1）。把蒸发皿放到铁架台的铁圈上。用酒精灯加热，同时用玻璃棒不断搅拌硫酸铜晶体；请同学们注意蓝色硫酸铜晶体的颜色变化。大家看到随着对硫酸铜晶体的加热不断有水蒸气产生，蓝色逐渐变浅；最后，不再有水蒸气产生，蓝色的硫酸铜晶体变成了白色的粉末（见图1-10-2）。老师指着白色粉末说："这是无水硫酸铜"。

老师叫"机关枪"辛夷和"显微镜"远志取一个100毫升的锥形瓶、一个大的玻璃水槽和一些脱脂棉；自己剪取了一段茉莉花枝条，插入盛有

水的锥形瓶中，瓶口用脱脂棉花塞严（脱脂棉不要接触到锥形瓶内的水）放置在阳光下；将刚刚制得的无水硫酸铜粉末分成两份，分别倒入两个培养皿中；一个培养皿放在插有茉莉花枝条的锥形瓶旁，用大水槽将插有茉莉花枝条的锥形瓶和盛有无水硫酸铜粉末的培养皿扣在一起（如图1-10-4所示），另一培养皿依然留在实验桌上。叫川贝和杜仲到校园里剪一段杨树枝条，将枝条的一段浸泡在滴加红墨水的水中（如图1-10-5所示），放在有茉莉花枝条的实验装置旁。

  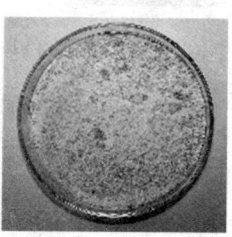

图1-10-1　　　　　图1-10-2　　　　　图1-10-3

图1-10-4　　　　　　　　　图1-10-5

白芷老师让杜仲向放在实验桌上的白色无水硫酸铜粉末内滴加水，要求大家注意观察硫酸铜颜色的变化。遇水后的白色硫酸铜粉末又变成了硫酸铜晶体。老师又让他重复前面做的加热硫酸铜晶体的实验。

实验结束还没有等老师提问，"智多星"杜仲就说："哦！老师，蓝色的硫酸铜晶体加热失去水后变成白色的硫酸铜粉末，而白色的硫酸铜粉末接触到水还能变回蓝色硫酸铜晶体。我说的对吧？""对，中午的活动到此结束，放学后我们进行这次活动的第二时段。"老师宣布。

放学了同学们再来到生物实验室，白芷老师让大家观察中午开始做的两个试验有什么变化；"机关枪"辛夷首先发现与茉莉花枝条放在一起的白色硫酸铜粉末已经有部分变成了蓝色，水槽壁上有一些小水滴。"显微镜"远志则看出杨树枝条上的叶脉有些发红。

白芷老师问生物小组的同学："大家思考思考，带有茉莉花枝条的实验装置，水槽内的水是从哪里来的？"

"只能是锥形瓶里的水通过茉莉花枝条蒸发出来的。""智多星"杜仲回答道。

"看来只有这样一种解释，下面我们是要找到植物运输水的通道（结构）；远志是你先注意到浸泡在滴了红墨水水中的杨树枝条叶脉发红，你剪取它的一段茎做纵切，再用解剖镜观察。""老师，杨树茎有一部分变红了（见图1-10-6），变红的部分内好像有一些细管。"

杨树茎变红的部分是它的木质部，那些细管叫导管是植物体内输导水分和无机盐的管状结构，它运输水分和无机盐是不需要能量的。导管由高度特化的管状死细胞（只有细胞壁）上下贯通而成。由于细胞壁次生加厚不均，在显微镜下我们可以看到导管具有环状、梯状和螺旋状等不同纹（图1-10-7）。

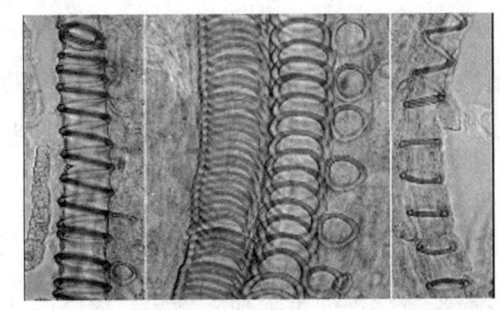

图1-10-6 杨树茎的纵切　　　　图1-10-7 光学显微镜下的导管

植物的根、茎、叶内都有导管，而且是相互连通的。我们看到带有茉莉花实验装置中的水由导管从茎运输到叶以水蒸气的状态散出的，这个过程在生物学上叫蒸腾作用（见图1-10-8）。蒸腾过程：土壤中的水分→根毛→根内导管→茎内导管→叶脉内导管→气孔→大气。植物一生要蒸腾很多的水，蒸腾作用对植物的生活十分重要，它为植物吸收和运输水分提供动力，特别是高大的植物，如果没有蒸腾拉力吸水过程便不能产生，植株较高部分将无法得到水。植物生活需要的矿质盐类（无机盐）要溶于水中才能被植物吸收和运转。

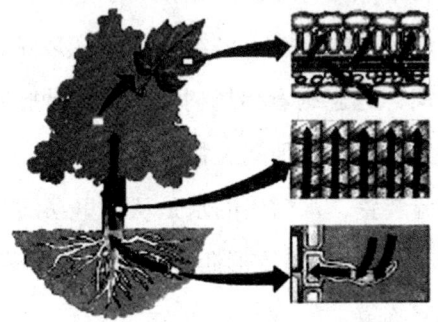

图1-10-8 植物蒸腾作用示意图

夏季，阳光下的路面热得烫脚，植物叶片没有被烫伤，树荫下、草地上温度比阳光下的公路低得多；这也是植物蒸腾作用的功劳。太阳光照射到叶片上时，大部分能量转变为热能，植物在进行蒸腾作用过程中，水变为水蒸气时吸收了其中的大部热能（1克水变成水蒸气需要能量，在20℃时是2.4449千焦，30℃时是2.4302千焦，37℃时2.41千焦的热量）。因此，蒸腾能够降低叶片表面的温度。

全球森林的蒸腾量每年约为 4.8×10^{12} 吨水，这些水能够增加陆地的降水量，促进水循环；另外，蒸腾作用不断地从周围环境中吸收热量，显著降低环境的温度。有人做过实验，有垂直绿化的墙面表面温度，比没有绿化的低10℃，每公顷绿地平均每天吸收81.8兆焦耳的热量，相当于189台空调的制冷作用。

谜语中的药材名

- 警惕家人
- 机构繁多

11. 浸泡在液体中的蔬菜变轻了——细胞吸水与失水

情景导入

辛夷家乔迁，亲朋好友送来许多盆花美化居室环境。爸爸、妈妈不仅经常要给花浇水，过些天还要给花施一次肥。这天辛夷看到妈妈先倒出少量的液体花肥，再兑上许多的水，然后浇花。辛夷问："妈妈，为什么不直接浇液体花肥，兑那么多水干什么？"妈妈说："直接浇液体花肥？那不把花烧死了。""没有火怎么能烧死呢？"辛夷更觉奇怪了。"就是植物不能再吸水了。"妈妈回答。辛夷还是没有弄懂"烧苗"是怎么一回事。

上学的路上辛夷遇到了川贝和远志，问他们什么是"烧苗"，大家表示不知道。远志说："我们上网查询一下不就知道了。"网上的解释：通常情况下，土壤溶液的浓度小于植物根毛细胞液的浓度，根从土壤中吸水；如果一次施肥过多或过浓，土壤溶液浓度大于植物根毛细胞液的浓度，根不仅不能从土壤中吸收水，还会失水。由此引起植物萎蔫直至死亡的现象叫烧苗。什么是"烧苗"基本上明白了，但大家总觉得还是有不大清楚的地方。

生物科技小组活动同学把"烧苗"的问题向老师提出。"今天我们改变一次活动计划，就来探究这个问题。我先说一些生活中的有关现象，然后我们再一起做一个实验。我们知道细胞是构成生物体结构和功能的基本单位；根是由细胞构成的，茎、叶、花和果也是有细胞构成的。"老师慢慢地说着。"萎蔫的青菜，比如芹菜回家放了两天就已经蔫了，我们把它置于清水中过一段时间，芹菜会有什么变化？"老师问。"芹菜又变挺了，不蔫了。"同学们答道。"那是什么原因使得芹菜不萎蔫了，芹菜吸水了？"老师接着问。

"下一个现象：我们要凉拌这些芹菜吃，把芹菜洗净，切好后，放入食盐；过一会我们会看到什么现象？出汤了。汤是哪里来的？""芹菜中渗出来的。""难道不会是芹菜切开流出的？""主要是渗出的。"师生一问一答。同学们将上述现象与根吸水和烧苗连在一起想想。

（1）实验材料：马铃薯、食盐、清水。
（2）实验用具：托盘天平、100毫升的量筒和250毫升的烧杯。
（3）实验步骤：

图 1-11-1　　　　　图 1-11-2

①将马铃薯切成细丝。用手感觉一下马铃薯丝的硬度。

②用托盘天平称量同样重量（20克）的马铃薯丝（如图1-11-1所示）；分别放入两个烧杯内。

③用两个100毫升的量筒，量取100毫升清水；倒入1号烧杯内；另

量取 100 毫升浓盐水，放入 2 号烧杯内。

④10 分钟后，取出马铃薯丝用托盘天平称重（如图 1-11-2 所示，注意天平游码位置的变化）。

⑤将 1 号和 2 号烧杯内的清水和浓盐水分别倒入 100 毫升量筒，观察它们容量的变化（见图 1-11-3）；图中 A 量筒内是"浓盐水"，B 量筒内是"清水"。

⑥用手分别感觉曾经放置在清水和浓盐水中的马铃薯丝硬度，与放置前比较它们的变化。

图 1-11-3

实验记录

烧杯	加入液体	液体的量		马铃薯丝硬度的变化	马铃薯丝重量的变化
		实验前	实验后		
1 号	清水	100 毫升			
2 号	浓盐水	100 毫升			

（4）实验现象：放在清水中的马铃薯丝重量增加，变硬，浸泡它的液体量减少；放在浓盐水中的马铃薯丝重量减轻，变软，浸泡它的液体量增加。

（5）实验分析与结论：

清水的浓度小于马铃薯细胞液的浓度，浓盐水的浓度大于马铃薯细胞液的浓度，表示为：清水浓度 ＜ 细胞液浓度 ＜ 盐水浓度。马铃薯放在清

水中其细胞吸水，表现为浸泡的液体减少，马铃薯重量增加，变硬；当马铃薯丝放在浓盐水中时其细胞失水，表现为浸泡的液体增加，马铃薯重量减少，因失水萎蔫。

水分总是从低浓度一侧向高浓度溶液一侧移动。因此，在给植物施肥（多数化肥）时一次不能施用得过多，过浓。

有机肥（农家肥）施到土壤中其无机盐是逐渐释放，溶解在土壤溶液中的；所以在农林生产上可以一次性的施用较多的有机肥。

医疗上，我们输入的是生理盐水其浓度约为0.9%，大量输入的葡萄糖溶液浓度是5%；就是为了保障我们身体的细胞，不因这些液体的大量输入而吸水或失水。

你还可以用细胞吸水的原理解释哪些现象？

谜语中的药材名

●穿林而过

●空心树

12. 你一定要向地下钻——根生长的向地性

情景导入

植树节到了,学校组织同学们去植树。植树前,老师先详细讲了植树的方法。

(1) 挖坑:向下垂直挖掘,树坑容积要大于树根球大小。

(2) 回填:先在挖好的树坑里回填一部分土。

(3) 栽植:将树苗放入已挖好的树坑中,扶正,填土,在填埋一半土后,把树苗略微向上提一下,这样可以保证树根全部朝下,还要不断把土踩实。

讲到这,川贝的问题又来了:"种树的时候要把树苗提一下,让根都朝下,那如果没让根朝下,它会怎么长?农民播种的时候,也能保证生根的部位一定向地吗?"

远志说:"播种怎么可能保证种子方向啊,都是直接扔进去就好的吧,要不播种需要的时间可就太长了。"

杜仲也想了想:"对啊,农民播种肯定不会考虑种子方向。但是怎么植物长出来都是根向下呢,是种子萌发的时候,萌发出来的根就是向下的吗?"

几个人决定找白芷老师问问清楚。

白芷老师特别高兴大家能不断从生活中发现问题,提出问题。这次她也提议同学们能够通过实验自己找到答案:"现在让我们来设计一下这个实验,看应该怎么做。"

辛夷马上说："播种嘛，就找个容器装好土来模拟大田环境，最重要的就是播种的时候种子的方向要不一样。"

川贝也说："对，种子胚根是要发育成根的。我们就注意胚根的方向就好。就让胚根朝着上、下、左、右四个方向吧。最后看根往哪长。"

远志又有了新想法："用土模拟大田环境不大好吧？土盖住种子了，我们也不能随时观察到。反正种子萌发最重要是需要水，要不瓶子里直接放上水放种子怎么样？我们能随时观察种子萌发情况。"

杜仲马上反对："不行，水里边氧气可不足，种子不得烂了。再说水里边怎么控制种子方向呢？"

远志想了想："要不就垫上滤纸，滤纸吸水性好，能给种子提供水分，又好控制种子方向，我就用培养皿加滤纸来做这个实验了。"

白老师说："大家想的都很好，既然想法有了，那我们就开始吧。"

（1）实验材料：塑料饮料瓶、沙子（蛭石）、培养皿、纱布、纸箱、剪刀、解剖针和玉米粒等。

（2）实验步骤：

①将玉米籽粒放置在培养皿中，加入清水浸泡一天。

②剪除饮料瓶上部（剪除的比例因瓶子的大小而定），在底部用解剖针扎一些孔，装上2/3的沙子（蛭石）。

③在饮料瓶四个方向边缘的沙子上分别放置一枚玉米籽粒，玉米籽粒胚根分别向下、向上、向左、向右放好（如图1-12-1、图1-12-2所示），浇水，用浸湿的纱布盖在上面。

图 1-12-1

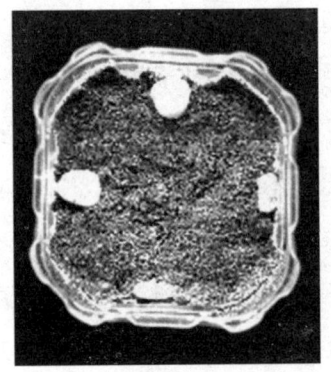

图 1-12-2

④将上述实验装置置于纸箱中，放于温暖处。保持纱布的潮湿，24、48、72小时各观察一次种子萌发的状况。预期结果如图 1-12-3、图 1-12-4 所示。

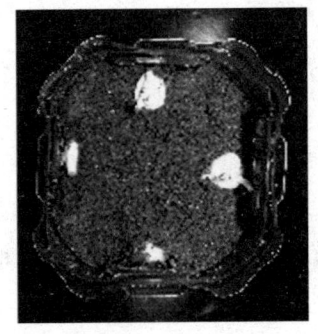

图 1-12-3

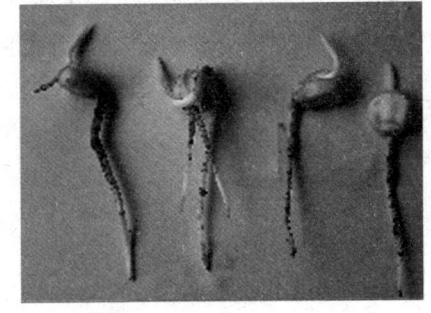

图 1-12-4

（3）实验现象：无论玉米籽粒的胚根朝向哪个方向，根都向下生长。

（4）实验结论：植物的根具有向地性。

根之所以向地生长，主要原因是因为地球引力对一种植物激素——生长素的分布影响的结果。地球引力导致生长素分布不均匀。近地侧多，背地侧少。而植物的根对生长素特别敏感，所以当近地侧生长素浓度高，反而抑制了根的生长。背地侧生长素浓度低，促进根生长。结果根向生长慢的方向弯曲，所以不管胚根朝向哪里，根都会向下生长。

图 1-12-5　树木的气生根

图 1-12-6　玉米的不定根

事实上根之所以向地生长，与它的作用是分不开的。根的作用是吸收水分和营养物质。水向低处流，根也只能向地生长才能得到充足的水分，这与生物长时间的进化以适应环境是分不开的。在自然界中我们还能看到很多不定根、气生根向地生长的例子（见图1-12-5、图1-12-6）。

谜语中的药材名

● 大雪纷飞

● 骨科医生

13. 原来你我一样——青蒜与蒜黄

情景导入

放学了，川贝和远志、辛夷、杜仲一起回家。经过农贸市场时看到蒜黄，远志忽然想到了个问题："川贝，你说蒜黄和青蒜是一个东西吗？"辛夷抢着说："也是哦，一个叫青蒜，一个叫蒜黄，都是蒜嘛，是一个东西。""不对啊，一种植物怎么会有的叶子是黄的，有的是绿的呢？名字也不一样，不是一种吧？"杜仲慢慢说。"不知道了，还是明天问问老师吧。"

图 1-13-1　蒜黄

第二天，川贝从家里拿了点青蒜和蒜黄，拉着好朋友们找白芷老师去了。白芷老师认真听完他们的疑问，说："青蒜和蒜黄确实都是用大蒜头栽培出来的，你们想想，为什么都是用大蒜头，栽培出来的植物怎么颜色会不一样呢？青蒜和蒜黄之间除了颜色不一样以外，还有没有别的区别呢？""蒜黄细长，水分更多一些。"辛夷总是最心急，"它们的区别不在大蒜头上，那就是培养的条件不一样了。""说的没

图 1-13-2　青蒜

错。"白芷老师继续启发,"植物正常生长需要哪些栽培条件?""水、肥、适当的温度和阳光。"远志答。"在这些栽培条件中,哪个是影响植物叶片颜色的主要因素呢?"老师接着问。杜仲仔细想了想回答道:"植物嘛,要想正常生活离不开的是水、合适的温度、光照。没有水,大蒜头也活不了,温度太高或太低,估计也活不成,难道是……""对,是光照吧。"辛夷又抢着说。"到底是不是光照引起的大蒜分别长成青蒜或蒜黄,我们还是用实验来证明吧。"

（1）材料用具：大小相同的同种蒜瓣、大小材质相同的花盆4个、黑塑料袋3个、2个无色透明的塑料袋和剪刀等。

（2）实验步骤：

①将花盆编号1、2、3、4；添加土壤至与盆口平齐。

②将蒜瓣平分成4组,分别栽种到1、2、3和4号花盆的土壤中。

③分别向4个花盆中浇水。

④在1号花盆上套上无色透明的塑料袋；2、3、4盆用黑塑料袋罩上,做遮光处理。

⑤在4号盆上遮光用的黑塑料袋中部,用剪刀剪一个1平方厘米左右大小的开口,使光线能够通过这个孔照入。

⑥将上述4个花盆放到同样的适宜环境中,根据土壤的湿度适时、适量浇水。

⑦观察并做表格记录数据。

⑧第七天将3号花盆的黑色塑料袋换成无色塑料袋,观察蒜苗颜色有什么变化。

（3）实验现象：

1号盆内长出青蒜，株高较其他三盆的蒜苗矮粗，叶片宽一点；2、3、4号盆内长出的是蒜黄，3号盆栽培第七天由遮光的黑色塑料袋换成透过的塑料袋后蒜苗由黄逐渐变绿，4号盆内生长的虽还可以叫蒜黄但部分顶部是绿色，而且它们都向射入光的孔弯曲。

（4）实验分析与结论：

青蒜和蒜黄颜色的区别是由于：_____。大蒜头在有光照的条件下能够生长成_____，在无光（遮光）的条件下长成_____。

光照_____（促进/抑制）植物长高；在有单侧光的条件下，植物会_____（向光/逆光）生长。

听老师讲

绿色植物叶片的颜色是又叶肉细胞内色素的颜色决定的。在大多数绿色叶片内既有叶绿素也有叶黄素，一般叶绿素的比例远比叶黄素的比例高，所以，我们一般看到的叶片都是绿色的。叶绿素的合成必须要在光照的条件下才能进行，所以，在光下青蒜的叶片是绿色的。但是见不到光照的条件下叶片里的叶绿素减少了，叶黄素显出来了，所以叶子是黄颜色的，这就是蒜黄。当然如果把蒜黄放到光下培养，叶片又合成叶绿素，叶子会慢慢变绿。光照除了会影响植物色素的合成以外，还会影响植物生长的方向。单侧光下，植物激素的分布不均匀会导致植物向光生长。

谜语中的药材名

● 演讲技巧

● 天府之宝

14. 苹果坏了吗——削后的苹果为什么会变色

情景导入

今天川贝家来了几位客人，妈妈热情地招待了他们，又是倒茶又是削苹果。过了一会儿客人走了，苹果还是放在桌子上。

大概半小时后，川贝发现苹果变成了茶色。"为什么会这样呢？又没吃过。"他的心里直嘀咕。

"妈妈，苹果坏了！"川贝告诉妈妈。

妈妈却说："苹果没有坏，只是变色了。"

川贝不解，问妈妈："苹果为什么会变色？"妈妈也回答不上来。

川贝心里的疑惑越来越大，于是叫来了好朋友辛夷、杜仲和远志，都说人多力量大，大家你一嘴我一嘴地说起来。

杜仲说了："我说呀，可能跟削苹果的用具有关系。"

大家又觉得有理，又觉得没道理。所以，决定动手实验一下。

实验准备一：

（1）实验材料：苹果、计时器、锋利的木片、薄的塑料片、铁片。

（2）实验过程：用不同的材料切下一片苹果，接着定时观察苹果颜色的变化。

(3) 实验结果：

时间	0分钟	10分钟	20分钟	30分钟
铁片				
木片				
塑料片				

(4) 实验结论：从实验的现象可知削后苹果的颜色与用具_____（有关、无关）。远志这时有了新的想法："我觉得苹果变色可能跟空气有关。"于是，大家又进行了第二个实验。

实验准备二：

(1) 实验材料：苹果、塑料片、计时器。

(2) 实验过程：用塑料片切下苹果，定时观察苹果在空气中颜色变化，用塑料片切下相同的苹果用保鲜膜紧包裹，近似与空气隔离，定时观察在其中的颜色变化。

(3) 实验结果：

时间	0分钟	10分钟	20分钟	30分钟
空气中				
中空中				

(4) 实验结论：从实验的现象可知削后苹果的颜色与空气_____（有关、无关）。

实验完成后，大家依然不明白为什么苹果会变色。与此同时还发现，除了苹果会变色外，马铃薯、茄子也会变色，大家决定去学校向白芷老师请教。

白芷老师耐心地听完他们的问题，说到："这是因为苹果、茄子和马铃薯等生物体内都有一类特殊的物质——酶；酶是生物活性物质，酶的种类很多。苹果、茄子和马铃薯内含有多酚氧化酶，当苹果削去表皮后，果肉中的多酚类物质与空气中的氧气接触，在多酚氧化酶的作用下发生氧化，其产物呈褐色，这样苹果就变成了茶色。颜色变了，营养也随着减少，吃起来味道也差些。"

川贝这时候说："怪不得削后的苹果黑乎乎的，我总以为坏了，不敢吃。老师，有没有什么能让苹果不变色？"

"咱们来做个实验吧！"白芷老师笑了。

实验准备三：

（1）实验材料：苹果、碗、盐水、计时器。

（2）实验过程：切下苹果，定时观察苹果在空气中和盐水中颜色变化实验结果。

（3）实验结果：

时间	0分钟	10分钟	20分钟	30分钟
空气中				
盐水中				

（4）实验结论：_____。

实验准备四：

（1）实验材料：茄子、计时器。

（2）实验过程：将一个茄子切成6块，2块在冷水中涮一下捞出置于空气中，2块在开水中涮一下捞出置于空气中，另2块直接置于空气中。

定时观察颜色变化。

(3) 实验结果：

时间	0分钟	10分钟	20分钟	30分钟
直接置于空气中				
开水涮过置于空气中				
冷水涮过置于空气中				

(4) 实验结论：_____。

读者参与

(1) 让苹果、茄子、马铃薯不变色的方法还有哪些？

(2) 我们在使用加酶洗衣粉洗衣服时，水温应该控制在哪个范围内？说明理由。

(3) 为什么说用开水冲调蜂王浆（含生物活性物质）的方法是错误的？

谜语中的药材名

● 珍珠蚌

● 打开信来半字无

15. 我是小小魔术师——涩柿子变甜的秘密

十月份正是柿子成熟的季节,远志很喜欢吃柿子,看着红彤彤的柿子,远志心里真是高兴,央求妈妈多买点。刚回到家,远志就迫不及待地吃了起来。咬了一口,远志就吐了出来,大叫:"妈,柿子没熟,是涩的。"远志妈妈笑着点点远志的头:"你真是个小馋猫。没关系,妈妈有办法让你吃上甜柿子。"

只见妈妈把涩柿子和苹果放在同一个塑料袋里,系紧袋口,这样过了几天,涩柿子变得甜美好吃。远志觉得很神奇,问妈妈这是怎么回事,妈妈也说不清楚什么原因。远志决定向白芷老师请教其中的原因。

白芷老师听完远志的问题,首先和远志一起做了一个实验。

实验准备一:

(1)实验材料和用品:涩柿子(黄色、硬的最好不要有疤痕)若干个,大的熟苹果1个,未成熟青苹果1个;塑料袋3个;水果刀1把;胶头滴管1支,表面皿(或者家里的盘子也可以)1个,0.1%三氯化铁溶液(用来检验柿子的涩味,往涩柿子切片上滴加后会看到蓝色斑点)适量。

（2）实验过程：

① 将大的熟苹果和涩柿子一起装到透明食品胶袋里，密封，编号 A；将未成熟青苹果和涩柿子一起装到透明食品胶袋里，密封，编号 B；将涩柿子装到透明食品胶袋里，密封，编号 C。

② 每隔 24 小时观察一次。

③ 72 小时后将 3 个透明袋中的柿子拿出，制作切片，滴加 0.1% 三氯化铁溶液检验。

（3）实验记录表：

编号	A	B	C
每隔 24 小时观察现象			
滴加 0.1% 三氯化铁溶液后观察现象			

实验准备二：

（1）实验材料用具：香蕉 3 条、苹果 1 只、湿润的硅土、高锰酸钾、透明食品胶袋若干。

（2）实验过程：

①把香蕉和苹果一起装到透明食品胶袋里，密封，编号 1 组；把另一条香蕉单独装到透明食品胶袋里，密封，编号 2 组；把湿润的硅土与高锰酸钾混合，装到透明食品胶袋里，再把香蕉放入，密封，编号 3 组。

②进行实验：按照实验设计的步骤做完后，每隔 24 小时观察一次。

（3）实验现象：

24 小时后_____

48 小时后_____

72 小时后_____

停止实验，拆开胶袋。

1组香蕉_____

2组香蕉_____

3组香蕉_____

（4）实验结论：乙烯_____（有、无）促进香蕉果实成熟的作用。

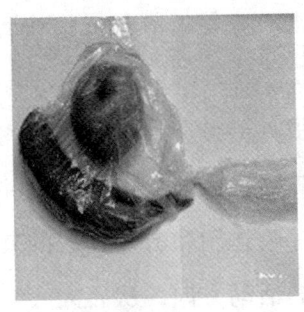 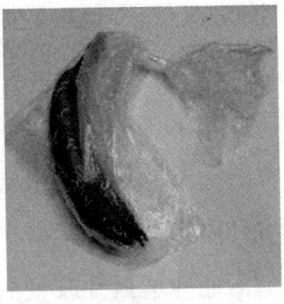 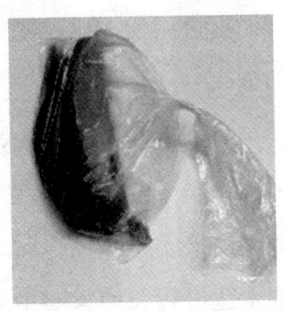

图 1-15-1　　　　　　　图 1-15-2　　　　　　　图 1-15-3

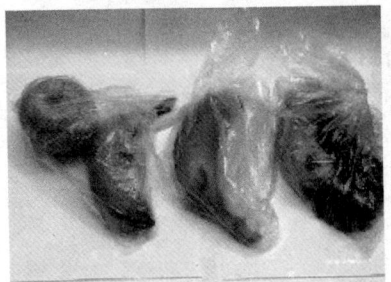 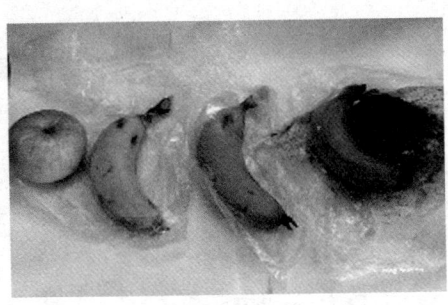

图 1-15-4　　　　　　　图 1-15-5

果实的成熟是一个复杂过程。例如：叶绿素的分解和其他色素（如类胡萝卜素或花色素）的合成，使果实绿色消失而呈现出鲜丽的色泽；淀粉分解成糖类，有机酸的消耗使果实变甜；芳香物质的积累；可溶性单宁物质的凝固与氧化，果实涩味消失以及果实组织的软化等，都能以相当快的

速度同时并进的一种复杂的生理生化现象。

果实成熟过程的上述多种变化，都是在酶的参与下进行。果实在自然成熟过程中就有乙烯的形成，而且越接近果实成熟，乙烯含量也就越大，一旦果实成熟了，乙烯的含量又重新下降。果实本身生成的乙烯具有促进果实成熟的作用。

促进果实成熟的因素主要有三个：适宜的高温、充足的氧气、酶的活动剂。

对于果实催熟来说，主要是某些能促进果实成熟的刺激性气体。而乙烯也正属于这种刺激性气体之一。乙烯能使果实呼吸性强度大大提高，并能提高果实组织原生质对氧的渗透性，促进果实呼吸作用和有氧参与的其他生化过程，使果实中酶的活动性增强并改变酶的活动方向，从而大大缩短了果实成熟的时间。

谜语中的药材名

- 皇帝送客
- 酸咸苦甘辛

16. "地球清洁工"——能够净化污水的植物

情景导入

学校里的一个小伙伴得了肾炎住院，川贝、杜仲、辛夷和远志四人去医院看望。到了医院，四个人围着小伙伴嘘寒问暖。碰到医生查房，他们赶忙问医生："叔叔，什么是肾炎，这种病严重吗？"医生叔叔笑着对他们说："肾脏是人体的一个重要器官，主要功能就是生尿和排尿。通过尿液可以排出机体产生的代谢废物，如尿素、尿酸、无机盐等，所以也称为排毒器官。"听了医生叔叔的讲解，大家意识到肾脏的重要性，告诉小伙伴要听医生叔叔的话，配合治疗，早日康复。

回去的路上，川贝突然问道："我们通过肾脏排毒，如果肾脏出现了问题，人就会生病。那么我们生活的地球怎么排毒，她生病了怎么办？"

听了川贝的话，大家你一言我一语地开始讨论起来。杜仲说："我听电视里讲过，地球也有肾脏排毒，叫湿地。""湿地？什么是湿地？它在哪里？它为什么能帮地球排毒？"辛夷着急得叫了起来。杜仲对这个问题也说不清，其他人摇摇头也说不知道。于是，他们决定请教白芷老师。

图 1-16-1 湿地

白芷老师耐心地听完他们的问题,开始讲解起来:"'湿地'一词最早是1956年美国联邦政府开展湿地清查时开始使用的。1971年2月,由苏联、加拿大、澳大利亚等36个国家在伊朗小镇拉姆萨尔签署了《关于特别是作为水禽栖息地的国际重要湿地公约》(也就是《湿地公约》),《湿地公约》把湿地定义为:'湿地是指天然或人工的、永久性或暂时性的沼泽地、泥炭地和水域,蓄有静止或流动、淡水或咸水水体,包括低潮时水深浅于6米的海水区。'按照这个定义,湿地包括沼泽、泥炭地、湿草甸、湖泊、河流、滞蓄洪区、河口三角洲、滩涂、水库、池塘、水稻田以及低潮时水深浅于6米的海域地带等。至于湿地为什么能帮助地球解毒,我们先来做个小实验。"

(1)实验材料:新鲜的、带有叶的芹菜茎,一个广口瓶或烧杯,给食物着色的红色或蓝色染料,水,削皮刀,放大镜。

(2)实验步骤:

①向已注入水的烧杯或广口瓶加入几滴为食物着色的染料。这些染料代表来自有毒物质的污染(例如:杀虫剂、重金属盐等)。

②将芹菜茎的下部切去1厘米,放在有染料着色的水中过夜。

③第二天,将芹菜茎切成3厘米长的小段。

④仔细观察芹菜茎。

(3)讨论:描述你看到的现象。

观察茎中的细管(运输水分的管)。你看到有色的水在哪个部分?

你注意到芹菜叶有什么有趣的现象吗?

听老师讲

湿地之所以能够帮助地球解毒，是因为湿地具有很强的降解污染的功能，许多自然湿地生长的湿地植物、微生物通过物理过滤、生物吸收和化学合成与分解等把人类排入湖泊、河流等湿地的有毒、有害物质转化为无毒、无害甚至有益的物质，如某些可以导致人类致癌的重金属和化工原料等，能被湿地吸收和转化，使湿地水体得到净化。湿地在降解污染和净化水质上的强大功能使其被誉为"地球之肾"。

在降解污染和净化水质过程中，湿地中的各种植物发挥着极其重要的作用。植物为何能净化污水呢？这是因为植物在生长发育过程中，需要不断地吸收水分和溶解在水中的营养物质，这样污染物质也就被植物吸收到体内，这些物质有的被植物利用，有的富集在植物体内，从而大大减少了水中的污染物质，使污染的水质得到改善和净化。植物体内有小"管道"，可以将水分由根运输到叶。当水中含有有毒污染物时（如：杀虫剂或重金属），那些污染物也能被吸收上来，并且运送通过植物体。许多湿地植物能将有毒物质储藏在它们的组织内。这并不意味着毒素消失——通常它们在以后会被释放出来。但它们是慢慢地以小剂量释放出来的，因此，比大量毒素一次性地进入到河流、湖泊或池塘所造成的损失要小。当湿地植物死亡后，这些毒素又会释放到湿地的水和土壤中，又会被其他植物或土壤微粒"捕获"。

例如：藻类植物小球藻，是净化污水中氮、磷等元素的"能手"。将它放养在含有机质特别是含氮较多的污水中，在适宜的温度和光照条件下，它繁殖速度很快，一昼夜它的个体数可几倍甚至几十倍地增加。小球藻在繁殖生长过程中将污水中的氮、磷及其他的污染物吸收到体内，在48

植物篇

小时后，便可将污水净化得可用于灌溉农田。小球藻本身含有丰富的蛋白质，可用来做饲料。

科学家还发现，一些水生和沼生植物如凤眼莲（又叫凤眼兰或水葫芦）、水浮莲、水风信子、菱角、芦苇和蒲草等，能从污水中吸收金、银、汞、铅、镉等重金属，可用来净化水中有害金属。据测定，1公顷凤眼莲，1天内可从污水中吸收银1.25千克；吸收金、铅、镍、镉、汞等有毒金属2.175千克。1公顷水浮莲，每4天就可从污水中吸收1.125千克的汞。这样不仅净化了污水，而且还从污水中回收了一些贵重金属，真是一举两得。我国某地曾放养凤眼莲3公顷，在半年时间里净化污水5000万吨。

芦苇对污水中的磷酸盐、有机氮、氨和氯化物等具有很强的吸收能力。据环保人员测定，将芦苇栽种在含有上述物质的污水试验池中，经过一段时间后，水体中的磷酸盐、有机氮、氨和氯化物，分别减少20%、60%、66%和90%。由此可见，用芦苇来净化被污染的河流和湖泊，可使水质得到很好的改善。

植物不仅可吸收污水中的有害物质，而且还有许多植物能分泌出一些特殊的化学物质，与水中的污染物质发生化学反应，将有害物质变为无害物质。也有一些植物所分泌的化学物质具有杀菌作用，使污水中的细菌大大减少。比如，芦苇和泽泻具有较强的杀菌能力，把这两种植物种植在每毫升水含有600万个细菌的污水中，12天后每毫升水中只剩下10万个细菌。水葱、水生薄荷和田蓟具有更强的杀菌本领，将它们种植在每毫升水含有600万个细菌的污水池中，2天后水中的大肠杆菌全部消失。国外有的城市制备自来水时，就利用水葱来杀菌。将河水先用氯气消毒后，再从水葱丛中流过，这样就将水中尚剩下的大肠杆菌全部消灭，从而使水质达到饮用标准。

从上述这些事例可见，植物的确是净化污水的"能手"，而且越来越受到人们的青睐。我国利用放养凤眼莲来净化太湖水，也起到了改善水质的作用。虽然湿地植物能帮助吸收和改变一些毒性物质，但它们不能吸收所有的毒性物质。正如海绵的吸水量有限一样，湿地植物的吸收量也是有限的——特别是当大量毒物进入湿地时。

大家不禁想到："湿地除了可以帮助地球降解污染和净化水质外，还有什么功能吗？"

（1）保护生物和遗传多样性：自然湿地生态系统结构的复杂性和稳定性较高，是生物演替的温床和遗传基因仓库。许多自然湿地不但为水生动物、水生植物提供了优良的生存场所，也为多种珍稀濒危野生动物，特别是为水禽提供了必需的栖息和迁徙、越冬和繁殖的场所。例如，象征着中华文化吉祥和长寿的丹顶鹤是一种非常优雅和濒危的鸟类，它们在从俄罗斯远东迁至我国江苏盐城湿地的 2000 多千米的路途中，要花费约 1 个月的时间，要在沿途 25 块湿地停歇和觅食，如果这些湿地遭受破坏，将带给像丹顶鹤这样迁徙的濒危鸟类致命的威胁。同时，自然湿地为许多物种保存了基因特性，使得许多野生生物能在不受干扰的情况下生存和繁衍。因此，湿地当之无愧地被称为"生物超市"和"物种基因库"。

（2）减缓径流和蓄洪防旱：许多湿地地区是地势低洼地带，与河流相连，所以是天然的调节洪水的理想场所；湿地被围困或淤积后，这些功能会大受损失。据科学家研究，1998 年长江流域的特大洪水与湿地破坏有密切关系。1998 年洪水的特点是"低洪量、高水位、大危害"，流量没有 1954 年的大，却造成了比 1954 年更高的水位和更大的威胁，其原因除森林资源遭到大量破坏、水利工程设施不足外，湿地被大量围垦侵占和功能急剧退化是最直接的原因。

（3）固定二氧化碳和调节区域气候：导致全球气温变暖的主要原因是二氧化碳过多。湿地由于其特殊的生态特性，在植物生长、促淤造陆等生

态过程中积累了大量的无机碳和有机碳，由于湿地环境中，微生物活动弱，土壤吸引和释放二氧化碳十分缓慢，形成了富含有机质的湿地土壤和泥炭层，起到了固定碳的作用。

（4）防浪固岸作用：通常海浪、湖浪和河水等对沿岸地区具有一定威胁，在许多湿地没有保护好的地区，这些威胁会对农田、鱼塘、盐田甚至村庄造成不同程度的破坏。在我国南部沿海地区，由于缺乏红树林等湿地植被的保护，有些地方海岸线每年都要倒退几米。而湿地植被生长良好的地方，海浪的流速和冲击力都会减弱，使水中泥沙逐步沉淀形成新的陆地。

读者参与

试着在家制作蓝色妖姬（现在栽培的月季是没有蓝色妖姬这个品种的，市场销售的蓝色妖姬是花商利用与芹菜茎浸泡在有色溶液中相同的原理，将白色月季枝条茎浸泡在蓝色溶液中制出来的）。

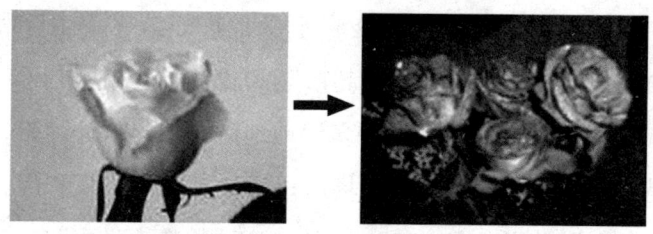

图 1-16-2　　　　　　　图 1-16-3

谜语中的药材名

● 他乡异国

● 初入其境

二、动物篇

1. "闻其声，知其鸟"——听鸟鸣，辨鸟

情景导入

辛夷的邻居王爷爷是个远近闻名的爱鸟迷，他有一项特殊的本领，只听鸟的鸣叫声，就能知道是什么鸟。辛夷和小伙伴们都十分佩服王爷爷的这项本领，央求王爷爷教他们。在一个周末的清晨，王爷爷带着他们出去活动了一次。

活动时间：春、夏、秋季均可，以春季的效果最佳（求偶期）。但活动必须在清晨进行。

活动地点：森林、公园或湿地，以天然林生长茂盛的地方为好。

准备活动：听鸟鸣，感受大自然的魅力。

王爷爷首先讲授活动地点可能出现的鸟的种类。

平原和丘陵：绣眼、柳莺、麻雀、灰喜鹊、喜鹊、戴胜、大斑啄木鸟、绿啄木鸟、两声杜鹃、四声杜鹃、长耳鸮、纵纹腹小鸮、环颈雉等。

山区和丘陵：松鸦、红嘴蓝鹊、环颈雉、山麻雀、喜鹊、绿啄木鸟、雕鸮、金翅、大山雀、黄腹山雀等。（因季节不同鸟的种类差别很大。）

活动耗时：40～60分钟，如参加人员年龄较小，可适当缩短。

（1）活动内容及过程：

① 分组：6～8人一组为好。

② 清晨轻声步入林间，对周围环境进行观察和感受。感受乔、灌草植物间的和谐，动物与植物的和谐共存。

③ 每位同学各自分开站在一个适当的地方，保持绝对安静，闭上眼睛，倾听鸟鸣。

④ 细心感受不同的鸟的叫声，辨别鸣叫的鸟的位置及鸟的种类。可以用雨伞帮助收集鸟鸣的声波，用录音的方式记录下鸟儿鸣叫的声音。

⑤ 睁开眼睛，找一找林中的鸟，观察鸟的形状、大小、颜色、飞翔的姿势等。每个同学依据自己的兴趣重点观察、记录一二种鸟的形态、颜色和鸣叫的声音。有条件的学生也可用照相机或录像机记录下鸟的形态和生态环境。

⑥ 每个人向本组同学描绘自己看到的鸟以及自己最喜欢的鸟，并模仿该种鸟鸣声音。统计本组，本班这一次观鸟、听鸟鸣活动共看（听）到多少种鸟，其中哪些我们知道它的名字。

⑦ 竞赛活动：组织者描述一种鸟（常见种类）的形态、生活习性。模仿它的鸣叫声音。请同学正确说出鸟的名称；以抢答的方式进行。

例：

灰喜鹊：头顶、头侧和枕部黑色具蓝色光泽。后颈、背、肩、腰和尾上覆羽灰褐色。尾灰蓝色。中央一对最长且端部白色。鸣声较单调，多为"jiya—jiajiajia"。

图 2-1-1　灰喜鹊

大斑啄木鸟：额淡棕色，眼先、颊、眉、颈侧均白，耳羽色浓；雄鸟后头有一块状深红色斑，雌鸟没有。背部及尾上覆羽黑色，只翼上覆羽为纯白而形成两个大的白色斑块。鸣叫声单一，音似"jiang—jiang"，以喙击木时发出"du—du—du"的振响。

图2-1-2　大斑啄木鸟

戴胜：羽冠淡棕栗色，各羽先端黑色，后头的冠羽在黑端下更有白斑；头与颈侧的羽色亦淡棕栗色。上背棕灰；下背及肩羽黑褐而杂有淡棕黄斑和羽缘。叫声"hu—gugu"。

松鸦：头顶，头侧棕褐色，头顶具黑色纵纹，眼周与颚纹黑色；后颈及颈侧棕色。背的前部棕色，背的后部至腰灰而沾棕，尾上覆羽白色，尾羽黑色略具蓝色光泽。叫声多为"gar—gar—"。

图2-1-3　松鸦

丹顶鹤：头部较小，头顶裸出，呈鲜红色；羽毛为白色。颈长、喙长、后肢长。鸣声洪亮。其鸣声雄性似"go—go"；雌性的叫声似"go—gogo gogo"。

⑧ 课后交流：同学现在组内进行交流，每组推选出2名同学在班内交流，最后进行评选。

（2）活动注意事项：

注意安全，不要践踏草坪及攀折花木。活动前一天要先勘测地形，寻找最佳的地点。要选择没有车辆和行人稀少的地点，但要尽量避开悬崖边、峭壁下等危险地段。必须了解该地段是否有毒蛇、毒蜂等危险动物。活动时必须着深色的衣服，最好是迷彩服、旅游鞋。清晨天气凉，要多穿衣服，注意保暖。听鸟叫时不能喧哗。活动中遇有雷雨天气要将学生带到低矮处避雨，防止雷击。连续的阴雨天气，要注意泥石流的发生。

（1）通过听鸟鸣叫，寻找鸣叫鸟的过程，你对动物的保护色（生物对其生存环境的一种适应）有了什么新的认识？

（2）如果在活动中曾尝试了录音、照相或摄影，你对你的工作成果满意吗？

谜语中的药材名

● 如来的巴掌

● 吴刚的后代

2. 脚印印章——动物足迹的收集与动物资源调查

情景导入

"我刚刚想到一个好课题!"刚下了生物课,辛夷就找到了川贝、杜仲和远志。"什么课题?快说说。"川贝好奇地问。"我们不是刚学了生物多样性吗?一个地区物种的多样性程度是这个地区生态环境的重要指标。我们这里有哪些物种呢?咱们来调查调查吧。"远志说:"倒是好主意,但是植物好办就长在那,动物呢?那些昼伏夜出的动物呢,怎么调查?是个问题吧?"几个人商量了一下,还是决定找白芷老师帮忙。

白芷老师认真地听完他们的想法,很肯定地说:"你们的想法很好,但作为课题是太大了。还是做个具体的小点的。"杜仲说:"我们想调查本地区的野生哺乳动物,白天活动的我们可能通过视觉观察,那些习惯昼伏夜出的种类该怎么办?即使我们一个晚上都站在那也可能看不见。"

白老师说:"用眼看到动物确实是证实该生物存在的主要方法,但不是唯一的方法;夏季,我们经常在校园内听到杜鹃(鸟)的叫声,你看见了吗?没有,同

图 2-2-1 黄鼠狼的脚印

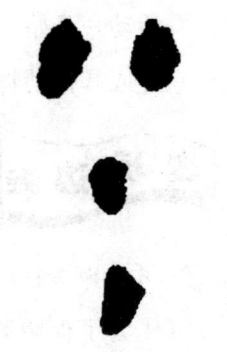

图 2-2-2 野兔的脚印

样可以知道校园内有杜鹃。你们在想一想，除用视觉观察外还有哪些方法？在路边看见狗屎……""动物的粪便、足迹、毛发等都应该能够说明某种动物的存在"。远志说。

白老师讲道："现在收集动物的足印多采用下述方法：在一张大的白纸中间放置一块塑料布，在塑料布上在放置一块略小于它的用稀释墨汁浸过的毛巾，在毛巾上再放置一块小塑料薄膜，薄膜上放置食物（见图2-2-3）；动物取食时必然要踩到浸有墨汁①的毛巾，当它吃完食物离开时，就会将"足印"留在走过的白纸上。当

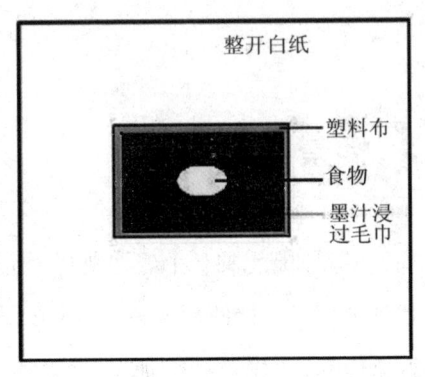

图2-2-3

然，这需要墨汁既不能流也不能干；所以，这项工作要在无雨的夜晚进行；为保障安全，多在黄昏时放置，凌晨收取。要某一地区进行动物资源调查，首先要了解这个地方的自然环境，比如地形、地貌、气候、植物类型和密度等，以及人类的影响，比如大气污染、水污染、固体废物、噪音和人们对野生动物的态度等，这些因素都与野生动物的生存息息相关。"

活动一开始，白老师就先告诉大家："活动的时候一定要注意安全，注意蛇或其他动物的伤害，注意保护自然环境。"

（1）调查：

①为了保障我们收集到动物"足印"，我们先对准备用于收集动物

---

① 墨汁一定要经过稀释，否则墨汁凝固时间过短。

足印的地方进行了调研。方法是：将备选的地方拔去杂草，松一松土（每块0.5平方米左右），在其中央位置上放一些食物，如花生、瓜子，也可以是人们吃剩下的米饭、馒头、菜等，食物最好带一些气味（见图2-2-4）。第二天清晨观察，看食物有没有减少，有没有动物光临的痕迹。食物减少得越多说明选定的地方适合做本活动，

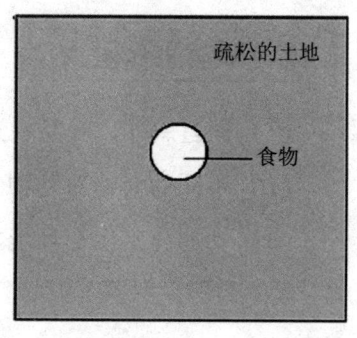

图 2-2-4

如果没有，可以认为在选定的地方活动的动物少，或活动的动物对提供的食物不感兴趣，可以通过换食物种类再进行调查，或放弃该地点。

图 2-2-5　貂的脚印　　　　　2-2-6　赤狐的脚印

②收集动物足印。夜间无雨的黄昏，在经调研确定的地方依次放置白纸、塑料布、浸过墨汁的毛巾、塑料薄膜和食物。

③次日凌晨取回白纸观察：白纸上有多少种、几只动物的脚印，哪种脚印多。

（2）汇报成果：

我们收集到＿＿＿＿种动物的足印，它们可能是＿＿＿＿、＿＿、＿＿＿＿和＿＿＿＿等。可能有＿＿＿＿只；从食物看＿＿＿＿喜欢＿＿＿＿食物。

读者参与

(1) 通过脚印，分析在选定的地方有哪些动物活动？

(2) 不同的食物对动物的吸引力有什么区别？这些动物的食性如何？

(3) 动物与其生存环境之间的有什么样的关系？

谜语中的药材名

● 老寿星

● 十个世纪才见面

3. "我认识你"——了解鸟类的生态类群

情景导入

周末放假,辛夷在家观看了自己喜欢的电视节目"动物世界",看到其中的科学家能够准确地辨别非洲草原上的各种鸟类,十分钦佩。

上学的时候,辛夷跟白芷老师说了这个事情,白芷老师问辛夷:"你想成为那样的科学家吗?"

辛夷赶忙点头。

白芷老师叫来川贝、杜仲和远志,打算给他们上一堂特殊的课。

一般人凭经验就能知道一种动物是不是鸟类,但要认出是哪一种鸟并不简单。这就需要了解一些鸟类的分类知识,并对鸟类的身体外部结构、声音、巢结构、孵育及其他行为等特征要有所认识。

鸟类和鱼类、哺乳类一样,是脊椎动物中的一个大家族,种类繁多,形态各异。鸟类在亿万年的演化过程中,为了适应自然界中各种复杂的环境条件,产生了各种不同的生态类群。

根据鸟类的生态习性及形态特点,可将其大致分为鸣禽、攀禽、陆禽、猛禽、涉禽和游禽等各种不同的生态类型。各个类群的鸟类在外形和构造方面也发生了一些特殊的变化。

(1) 实验准备：

①分组：4~6人一组。

②每一个小组合作观察一个生态类群的一种鸟类。观察鸟类的外部形态（如喙、足、趾、翼、羽毛等）。

③小组成员相互合作观察和记录鸟类的外部形态特点。

④思考与讨论鸟类的外部形态特点与生活环境的相适应性。

⑤用数码照相机拍摄记录观察到的鸟类（作为图像资料待研究）。

(2) 汇报成果：

各小组汇总、展示和评价观察的成果并提出一些问题：

	第一组	第二组	第三组	第四组
资料				
观察				
记录				
合作				
问题				

(1) 游禽类：有蹼善游，水上生活

具有扁阔或尖的嘴，脚趾间有蹼膜，走路和游泳向后伸，善于游泳、潜水和在水中获取食物。不善于在陆地上行走，但飞翔迅速，多生活在水上，如天鹅（图2-3-1）。

图 2-3-1　大天鹅　　　　　图 2-3-2　大白鹭

（2）涉禽类：脚长无蹼，擅长涉水

嘴、颈和脚都比较长，脚趾也很长，适于涉水行进，不会游泳，常用长嘴插入水底或地面取食，如鹭类（图2-3-2）。

（3）陆禽类：嘴强腿壮，翅短少飞

体格结实，嘴坚硬，脚强而有力，适于挖土，多在地面活动觅食。一般雌雄羽色有明显的差别，雄鸟羽色更为华丽，如红腹锦鸡（图2-3-3）。

图 2-3-3　红腹锦鸡（雄）　　图 2-3-4　红隼

（4）猛禽类：嘴爪锐利，猎捕为食

具有弯曲如钩的锐利嘴和爪，翅膀强大有力，能在天空翱翔或滑翔，捕食空中或地下活的猎物，如红隼（图2-3-4）。

（5）攀禽类：前后二趾，善于攀缘

其嘴、脚和尾的构造都很特殊，善于在树上攀缘，如啄木鸟。脚强健有用，两趾向前，两趾向后，适于攀树，尾羽轴坚韧，尾羽起支撑体重作用。鹦鹉则经常用喙咬住做身体的第三个支撑点，如图2-3-5。

图 2-3-5　鹦鹉　　　　　　图 2-3-6　画眉

（6）鸣禽类：三趾在前，一趾在后，擅鸣巢巧

其喉部下方有鸣管，由鸣腔和鸣膜组成，鸣管和鸣肌特别发达。一般体形较小，体态轻捷，活泼灵巧，善于鸣叫和歌唱，且巧于筑巢，如百灵鸟。鸣禽是数量最多的一类，占世界鸟类数的3/5，如画眉（图2-3-6）。

（7）鸠鸽类：中型的食谷鸟类

体型大小似家鸽，嘴的基部有蜡膜，翅长飞行速度快，脚短适于急走，如斑鸠（图2-3-7）。

鸟类中善于行走或快速奔驰，而不能飞翔的一些类群，如鸵鸟（图2-3-8）。它们无龙骨突，动翼肌已退化；脚长而强大，下肢发达。

图 2-3-7　斑鸠　　　　　　图 2-3-8　鸵鸟

读者参与

（1）请将两张图中相对应的头部（见图 2-3-9）和足部（见图 2-3-10）序号填在正确位置，并举例走禽：

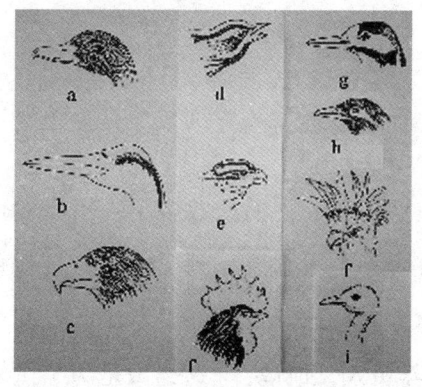

图 2-3-9　鸟类各生态群的头部示喙

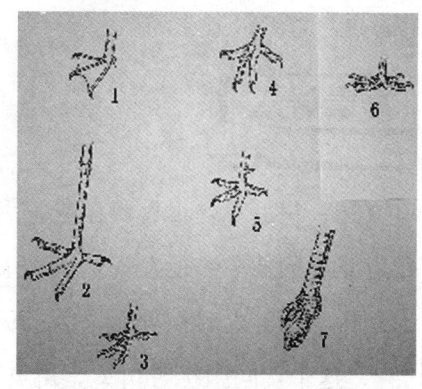

图 2-3-10　鸟类各生态类群的趾

（2）将鸟类进一步扩展到校园、社区或绿地野生的鸟类进一步观察研究。

（3）可以对某一种鸟类进行觅食、排便、鸣叫等行为长期深层观察、记录和分析，写出有价值的小论文。

（4）到社区进行搞宣传活动，不食野生鸟类，结合爱鸟周，制作鸟巢等。

谜语中的药材名

● 胸中荷花

● 交际广泛

4."鱼儿出水"——体温与代谢

情景导入

夏天，川贝总是很喜欢和爸爸去鱼塘钓鱼。去的次数多了，川贝发现了很有意思的现象。他发现鱼池边上放着一个大水泵，到了中午，很多鱼儿会跃出水面，这时候养鱼人就会开水泵将池水扬起来。"为什么要这么做呢？"这个疑问困扰着川贝。川贝问养鱼人，他说："这么做是为了供氧气，天热鱼容易缺氧。"

有了养鱼人的解释，川贝明白了水泵扬水的用意。可是一个新的疑问又产生了："为什么夏天鱼儿容易缺氧？"川贝叫上生物小组的同学一起去请教白芷老师。

图 2-4-1

白芷老师听了川贝带来的问题，说："鱼跟其他动物一样需要吃东西、喝水，而且也需要呼吸。但鱼的呼吸跟我们人类不同，人类依靠肺部呼吸，鱼儿靠鳃部呼吸。绝大部分鱼类的呼吸只能在水中进行。溶解在江、河、湖、海中的氧气是水中生物生长的必需物质。"

为了让大家了解水的含氧量对鱼类的生存的重要作用，白芷老师决定和大家先做一个模拟实验。

实验准备一

（1）实验题目：冷开水与河水（池塘水）养鱼对比。

（2）实验用具及材料：烧杯、酒精灯、三脚架、石棉网、温度计，大小、品种相同的金鱼4条。

（3）实验过程：

①打河水（池塘水）倒入1号烧杯中，用温度计测量水的温度。

②再打相同（量略多些）的水放倒入2号烧杯，用酒精灯加入2号烧杯的水至沸腾。

③静置2号烧杯，使其内的水逐渐降温，至用同一只温度计测量温度相同。

④向1号与2号烧杯中分别放入2条金鱼。

⑤观察金鱼在2个烧杯中的生活状况。

（4）实验现象：

	冷开水	河水（池塘水）
鱼是否出现翻白现象及时间		

（5）实验分析与结论：在_____水中（冷开水、河水），鱼更容易出现翻白现象，这是由于_____原因造成的。

听老师讲

气体在水中溶解的量跟温度有关。一般状况下,温度越高气体在水中溶解的量就会越少。例如:大家在喝各种碳酸型饮料时会打嗝,就是因为溶解在水中的二氧化碳在胃中被加热而气体溢出的缘故。同理,把水烧开时,溶解在水中的氧受热后就会跑出来。

细心的川贝还想到,家庭养鱼时还会用到水温加热器,这又是为什么?

白芷老师和生物科技小组的同学进行了第二个实验。

实验准备二

(1)实验题目:不同温度(5℃、10℃、15℃、25℃、30℃)的冷开水养鱼,观察出现鱼翻白现象的时间。

(2)实验用具及材料:烧杯、酒精灯、三脚架、石棉网、温度计和冰箱,品种、大小相同的金鱼10条。

(3)实验过程:

①分别向1~5号烧杯内加入相同数量的水。

②加热各烧杯内的水至沸腾。

③静置各烧杯中的水,用温度计测量各烧杯内的水温。

④根据实验时的环境温度决定哪些烧杯放入冰箱降温。

⑤当水温降至设定温度时,向烧杯中放入2条金鱼。

⑥观察金鱼在烧杯中的生活状况。

(4)实验现象:

	5℃冷开水	10℃冷开水	15℃冷开水	25℃冷开水	30℃冷开水
鱼是否出现翻白现象及时间					

(5) 实验结论：在_____℃水中，鱼不容易出现翻白现象。

变温动物俗称冷血动物，随外界温度而体温发生变化。这种特性称为变温性。除鸟类、哺乳类以外的动物都属于变温动物。小型水生动物的体温大致与外界温度相等，但是大型动物，特别是陆生动物的体温，与外界温度有相当大的差异。蛙类皮肤湿润的动物，因为体表的蒸发，静止时的体温较气温稍低，并随湿度、气流而变化。具有固着生活以外的几乎所有的动物，都具有向适宜温度场所移动的所谓行为性的体温调节，这称为温度选择。昆虫类或爬行类，随着体温的变化，可改变方向朝向日光，从而进行某种程度的体温调节（外温性）。另外，有的动物通过由肌肉活动所产生的热量也可以提供相当高的体温（内温性）。活泼游泳的鱼，或飞翔的昆虫，它们的体温，比外界温度可高出 10～20℃。寒冷时，蝶、蛾在飞翔之前搧动翅膀，是为提高体温做准备。蜜蜂等社会性昆虫利用肌肉运动和水分蒸发来调节蜂巢的温度。变温动物的代谢－体温曲线如同酶的反应速度——温度曲线一样呈山形，即代谢速度随温度而上升。在最适温度时可达最大值，但在高温则急剧下降。各种生理过程和反应速度都表现同样的温度依存性。变温动物对体温变化的耐受性远比恒温动物大，但当体温极端降低时，则不能进行正常生命活动而进入冬眠。

鱼作为变温动物，体温大致与外界温度相等。提到鱼周围的水温，就好像谈到人类环境中的温度，大自然中有着四季交替，春、夏、秋、冬，每一个季节的温度皆不同，导致许多疾病比较容易出现在某些季节中，如：秋冬交替，人就容易感冒；冬天天气冷，人就会想到穿衣御寒；夏天天气炎热容易中暑，就会吹冷气、喝冰水来散热，当然也有些人与常人不同，在寒流来时，还是背心一件，不畏天寒地冻。把这些人类的生活方式想做是鱼类倒也是大同小异。

温度的改变有两种：第一种是把鱼置于比原来水温还要低的水中；第二种是把鱼置于比原来水温还要高的水中。第一种症状如上述一样，会发生痉挛、身体不平衡等行为。第二种症状，鱼体对水中气体交换不正常，细胞代谢的酶失去活性，鱼类的鳃容易受损，阻碍代谢活动，产生各种疾病，因而死亡。故水温过高、过低，对鱼类而言，均是一种伤害。

在北方冬季，为何鱼贩在短距离运输活鱼时不用水？

谜语中的药材名

● 一笔御寒费

● 千年狐裘

5. 鱼儿，鱼儿快快游——鱼是靠什么游泳的

情景导入

星期天，远志在家休息，爸爸钓鱼回来，把钓的鱼放到水盆中，鱼在水盆里自由自在地游动。远志观察着水盆中的鱼的游动，只见鱼的尾和躯干悠闲地摆动着，各个鳍也在摆动。不知不觉到了该做晚饭的时间了，爸爸让远志帮着把鱼收拾出来。于是，远志拿起剪刀，先把鱼的鳍一个个地剪掉。就在他就要把一条鱼的鳍全部剪完时，鱼一个打挺从他手中逃脱，掉到水中。远志看到没有鳍的鱼竟然仍能在水中游动。与平时说的鱼用鳍游泳不同。远志觉得很是奇怪，他剪第二条、第三条鱼的鳍全放到水中与第一条的情况相同。

生物科技小组活动，远志把他在周日看到的现象刚刚说出，就立即得到辛夷的认同："没错，我也见过这样的现象。"

远志想利用科学研究的方法（即发现问题→提出假设→设计实验→进行实验→分析结果→得出结论）来研究：被剪掉鳍的鱼还能游，鱼是靠鳍游泳吗？鱼游泳的动力是什么？

于是，远志找到了生物科技小组的"小问号"川贝和"智多星"杜仲等同学，把自己的想法跟大家说了，大家很赞同，想一起探究鱼游泳的动力是什么。"机关枪"辛夷找来了生物科技小组的辅导老师白芷。经过讨论，大家对此做出的假设是：鱼游泳的动力是尾部和躯干部的摆动。

边玩边学

验证假设，需要做对照实验。设计思路是将鱼分成两组，分别失去躯干、尾部的摆动能力和鱼鳍的运动能力，以期证明鱼游泳的动力来自躯干部和尾部的摆动的假设。

关于如何实现这一实验设想，同学们经过充分的讨论，本着保护动物，关爱动物，努力在实验过程中，将动物的伤害降到最低这一观念，达成共识，并开始进行实验。

川贝和杜仲负责固定尾部和躯干部的试验。他们采用两种方法阻止鱼躯干与尾部的运动。

第一种方法是在鱼的身体两侧各放一只长度与鱼身体等长的筷子在鱼的鳃部和尾鱼尾鳍的交界处用橡皮筋将筷子和鱼体固定在一起，固定的时候注意筷子不能阻碍鱼鳃盖和尾鳍的运动（如图 2-5-1 所示）。

图 2-5-1　　　　　　　　图 2-5-2

另一种方式是，将线绳分别固定在鱼的鳃盖后缘和躯干与尾部的交界处，将鱼躯干和尾部尽量向一侧弯曲固定使鱼的躯干和尾部不能再继续摆动（如图 2-5-2 所示）。

辛夷和远志在白芷老师的指导下，用针线穿过鱼鳍基部的方法把背鳍、胸鳍、腹鳍、尾鳍和臀鳍分别捆住（见图 2-5-4 所示）。

实验现象：鱼在失去躯干和尾部摆动能力后，完全不能游泳并失去平衡能力；被困住鳍的鳍的鱼还可以自由游动。

 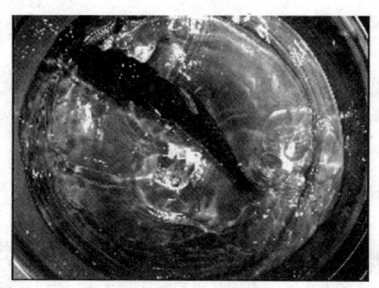

图 2-5-3　　　　　　　　　　　　图 2-5-4

实验现象分析：从试验可以看出被固定尾部和躯干部的鱼即使有鱼鳍的作用也不能游动，与之对比的固定鳍的鱼仍能够游动。说明鱼游动的动力是来自躯干部和尾部的摆动，躯干和尾部的摆动是通过躯干部和尾部的肌肉的收缩和舒张来实现的。

结论：鱼游泳的动力是躯干部和尾部的肌肉的收缩和舒张。

针对同学们的试验探究结论，白芷老师讲：动物体的基本特点之一就是能够运动，肌肉是动物能够运动的结构基础，动物的运动是通过肌肉的收缩和舒张实现；鱼当然也不例外。吃鱼的时候我们知道鱼的肌肉主要集中在它的躯干和尾部，鱼的运动动力自然是来自躯干和尾部。鳍的运动也是鱼躯干部和尾部肌肉收缩和舒张引起的。

鱼的游泳主要是其躯干和尾部肌肉的交替收缩，使身体左右扭动击动水流在鱼体后面形成一个涡流，涡流所引起的水流方向同鱼前进的方向相反，从而产生向前推力使鱼前进；但是当涡流大旋时会在鱼的身体后部两侧形成，同鱼的运动方向相同的水流阻碍鱼的前进（见图 2-5-4 鱼的躯干与尾部交界处左侧的涡流）。

鳍是鱼类特有的运动器官，它们有维持鱼身体平衡辅助游泳的功能；在胸鳍、腹鳍、背鳍、臀鳍和尾鳍等中，尾鳍对鱼运动的作用较大。它不仅同其他鳍一起保持鱼身体的平衡，而且还能像舵一样控制鱼的游泳方向。

鱼儿在水中停留在某一个位置上时，胸鳍仍然在不停地在摆动，那是通过胸鳍的摆动产生向后的推力以抵消鱼呼吸从鳃孔排出水流引发的向前推力（微弱）。

在自然界，只有极少数鱼完全依靠鳍进行运动，如海马的向前就完全依靠背鳍的摆动来完成。

读者参与

你注意到生活还有哪些习惯说法（认识）是错误的？你是怎样发现的？你想通过怎样的科学途径证明它确实是错的？

谜语中的药材名

- 白首话当年
- 有言在先

6. 垃圾的生物处理器——用蚯蚓处理有机废弃物

情景导入

"看,我捉到了什么?"远志兴冲冲地跑过来。川贝忙过去看:"这么大一只蚯蚓,哪儿捉到的?""在外边地上看到的,就拿过来了。""蚯蚓不是晚上才出来的吗?怎么白天还在地面上呢?"杜仲摇头晃脑地说。

"不知道了吧?昨天晚上下了一夜的雨,到处都是水蚯蚓爬到硬地上,天亮了没法再钻到土里了。"白芷老师走过来解释着,并问:"还记得蚯蚓有什么作用吗?""记得,您说过,蚯蚓能分解有机废物,能把土翻得疏松,还能当食品、药材和饲料呢。"辛夷马上说。川贝提议道:"我们这次的研究课题就定为'用蚯蚓处理有机废弃物的试验研究'吧。"

(1) 实验准备:

①采集蚯蚓:

白芷老师问了个问题:"蚯蚓应该去哪采集呢?"

远志说:"不是雨后总有些蚯蚓无法钻回土壤,留在地表吗?下雨后的早晨我们捡蚯蚓。"

杜仲想了想:"蚯蚓能分解有机物,那应该找有机质丰富的,土壤疏松的地方去挖。"白芷老师肯定地说:"没错,选择采集地点,我们必须要

根据这种生物的习性特点来考虑它聚集的地方，再去采集。采集蚯蚓的时候可要注意，最好用一把小锹挖出来，千万别用手拉，会把蚯蚓拉断的。"

川贝说："回来的时候记得带些土回来，要不没地方养蚯蚓了。"

白老师马上补充："带回来的土可不能是沙土，另外，土太湿行不行？"

远志回答："不行，水太多了，土里边氧气不足，蚯蚓会憋死的。这也是阴天下雨的时候，蚯蚓会爬出地面的原因吧？"

"远非这么简单，养蚯蚓的土，湿度要控制在用手捏一捏，捏不出水。"白老师解释道。

②有机废弃的处理：面对有机废弃物，白芷老师讲道："这个垃圾中的蛋白质，在分解的时候会产生氨，氨会引起蚯蚓中毒；这些垃圾不能直接喂给蚯蚓，要先进行发酵。"

③实验用具与材料：木箱或水槽两个；树叶、菜叶、废纸和玻璃和陶瓷等无机废弃物以及塑料袋等。

（2）实验过程：

①将重量、湿度等相同的土壤分别放置在两个木箱（水槽）中，向一号木箱内加入蚯蚓，密度控制在1平方米面积1万条左右以下[1]（蚯蚓数量多和少都会影响试验效果）。

②将发酵过的垃圾分成两等份，分别放在两个木箱的土壤表面。

③将试验装置加盖后放置在暗处。[2]

---

[1] 人工养殖蚯蚓以赤子爱胜蚓为主，个体比较小，箱养土深在25厘米左右，养殖密度为每平方米1.5万~2万。

[2] 如果在野外挖的蚯蚓，大都是环毛蚓，它易跑出水槽，所以要在水槽上加盖，若是买的蚯蚓，大都是赤子爱胜蚓，它不易跑，不用加盖。

（3）观察、记录：

每周观察、记录一次，观察四次后将土过筛，数一数蚯蚓的数量并称重。将剩余的垃圾分类处理，把蚯蚓和土倒入校园绿地或校园一角，建立一个小型蚯蚓养殖场。

观察次数	日期	一号箱（有蚯蚓）						二号箱（物蚯蚓）				
		土壤		蚯蚓		垃圾		土壤		垃圾	
		重量	体积	数量	体积	种类	重量	重量	体积	种类	重量
1											
2											
3											
4											

（4）实验现象与分析：

①一号箱内的有机废弃物数量_____（不变、减少），无机废弃物数量_____（不变、减少），塑料袋_____（有、没有）变化；土壤的重量_____（增加、不变、减少），蚯蚓的数量_____（增加、不变、减少）。

②二号箱内的有机废弃物数量_____（不变、减少），无机废弃物数量_____（不变、减少），塑料袋_____（有、没有）变化。土壤的重量_____（增加、不变、减少）。

（5）实验结论：

①蚯蚓能够用来处理_____（有机、无机）废弃物，但不包括_____。

②经过蚯蚓处理有机废弃物一部分用来形成蚯蚓的身体，另一部分形成了_____。

听老师讲

　　蚯蚓能疏松土壤，增加土壤有机质并改善土壤的结构，还能促进酸性或碱性土壤变为中性土壤，增加磷等速效成分，使土壤适于农作物的生长。由于蚯蚓含有丰富的蛋白质，因此，用作畜、禽和水产养殖业的饲料，都能取得增产的效果。

　　蚯蚓在中药中叫地龙，是常见的中药材，有解热、镇痉、活络、平喘、降压和利尿等作用。蚯蚓体内可分泌出一种能分解蛋白质、脂肪和木质纤维的特殊酶，因此，树叶、稻草、畜禽粪便、生活垃圾、活性污泥和造纸、食品工业的下脚料等，都可以是它的食料。

　　蚯蚓能够在一定程度内消除环境污染。因此，近年来，许多国家都成立了蚯蚓养殖工厂，并把蚯蚓养殖工厂称为"环境净化装置"。由于蚯蚓能够吸收土壤中的汞、铅和镉等微量金属，这类金属元素在蚯蚓体内的聚集量为外界含量的10倍。因此，有些科学家认为蚯蚓可作为土壤中重金属污染的监测动物。

谜语中的药材名

● 自己在人间

● 人皆死吾自生

7. 腰斩等同生殖——蚯蚓的再生

情景导入

春天，同学们参加植树活动，在挖树坑时杜仲一锹下去挖断了两条蚯蚓。他自言自语地说："两条生命结束了。"没想到白芷老师就在身边，听到了他的话，接过话说："是，两条生命结束了，四条生命开始了。""什么？四条生命开始了！"杜仲听到老师的话，有些莫名其妙。"先挖树坑，等会儿给你讲。"白芷老师说。

如果我们不小心手被割了一个小口子，大家知道这个口子是能够长好的；折断的骨也能长好，这个现象在生理学上叫再生——生物个体或器官对非自然丢失部位的修补和复原，被认为是生物适应环境的最重要机制之一。如果手上的伤不是一个口子，而是掉了一段手指，掉的手指是不能重新长出来的；就是说，我们人类具有有限的再生能力。有些动物再生能力是比较强的，例如：蚯蚓、海星等。

"老师，我们对蚯蚓的再生做一下实验验证可以吗？"杜仲问。"当然可以，我们还可以探究蚯蚓身体的哪一部分再生能力更强。"老师回答。

边玩边学

（1）材料、用具：蚯蚓、卫生纸（草纸）培养皿。

（2）实验步骤：

①将蚯蚓每条各放入一个培养皿中。

②将蚯蚓按不同部位切断，得到有头无尾，无头无尾，无头有尾三种不同的体节段。

③将卫生纸（草纸）用水淋湿（使手用力攥没有水流出），撕碎。

④用撕碎的放入培养皿中，盖好培养皿。

⑤每天观察一次，注意蚯蚓愈伤组织的形成。①

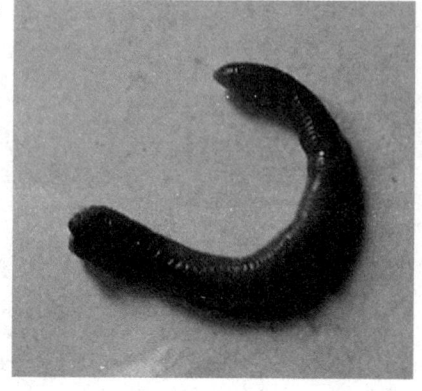

图2-7-1 断口初步形成愈伤组织的蚯蚓

（3）实验现象与结论：

蚯蚓切断身体_____（有/没有）再生能力；最先形成愈伤组织的是蚯蚓的_____（前部/中部/后部）。

收获与体会

实验显示的蚯蚓不同部位再生能力与你自己的预期相同吗？你从中受到什么启发？

谜语中的药材名

● 想念儿子

● 云雾蔽日

---

①如果发现有死亡的要及时清除。

三、人体篇

1. 间断与连续的转变——动脉血管的结构特点

情景导入

一天,辛夷放学早,回到家里想给妈妈一个惊喜,于是来到厨房做晚饭。由于平时辛夷很少做饭,切菜时一不小心,刀把手指割破了鲜血流了一地,她急忙找了一块创可贴将伤口封住;在创可贴的药物作用下,血很快被止住了。辛夷想平静一下,可感觉心在蹦蹦的一下一下地跳,她突然想起刚才手流血不是一股一股的。

校园里,辛夷正与川贝谈割破手的事,白芷老师走了过来,川贝提醒辛夷说:"问老师。"老师听清楚问题后,想了一会儿说:"等生物科技小组活动时再说吧!"

生物小组活动又开始了,白芷老师拿来了烧杯、乳胶管、医用汞柱式血压计、滴管和酒精灯等材料,说:"在解释辛夷提出的为什么心脏是一

下一下地跳动，而血却是连续地流的问题之前，我们先来做一个实验。远志，你把滴管的橡胶头摘下来，用燃酒精灯将滴管口烧小到管内径为2～3毫米；杜仲你向烧杯内倒一些水，在把血压计皮球摘下来。"远志把滴管口烧好后按照血压计皮球、乳胶管滴管的顺序连接；把滴管口放置在烧杯的水中。"老师接好了。"杜仲向老师报告。

"大家伸出一只手把食指、中指和无名指轻轻地放在乳胶管上，眼睛看着烧杯内的滴管口；辛夷关闭血压计皮球的排气阀，用手一下一下地挤压的挤压血压计皮球。"老师一边说，一边自己将手指放在乳胶管上（见图3-1-1）。

图3-1-1

"大家手指感觉到什么？看到什么现象？"老师问道。"随着辛夷挤压血压计皮球我们的手指感觉到一下一下地跳动。滴管口出气虽然有大小的变化却是连续的。"同学答道。"将你的右手放在你的左胸上；用左手摸着你右手手腕处的脉搏，感觉一下心脏跳动与脉搏的联系。"老师布置这新的实验内容。

"一下一下地挤压血压计皮球就如同心脏一下一下地收缩，乳胶管就如同我们的动脉血管心脏收缩一下脉搏就跳一下，滴管口出来的气体如同血液一样是连续的。老师我说的对吗？但我还是不明白，怎么就由一下一下地变成连续的了？"辛夷说。

"我们看完下面的实验老师再解释。"白芷老师说。

老师在乳胶管和血压计皮球间加了一个玻璃管三通，这个三通的另一端与去掉橡皮囊袖带的医用水银柱式血压计相连（如图3-1-2所示）。让同学们看着血压计汞柱的上下变化，再一下一下地挤压血液计皮球。奇怪，汞柱随老师的挤压在升高，但并没有因为不挤压而降到零。

"我们用手挤压血压计皮球向乳胶管内充气的过程，是在模拟心室收缩，向动脉血管充血的过程；这是在血压计上可以看到'心室收缩时血管的收缩压（高压）'；把手松开血压计皮球复原的过程就如同'心室舒张我们看到是舒张压（低压）'。用手指触摸着乳胶管壁能感觉到与'心室收缩'（充气）频率相同的脉冲式'脉搏跳动'。为什么舒张压不等于零和间断是充气而连续出气，我们一要注意出气口的大小，二也是最最重要的，你们用手拽一拽乳胶管，有很强的弹性；再比较一下动脉血管与静脉血管的结构，动脉血管管壁厚，弹性大（见图3-1-3）也就是我们在挤压血压计皮球时，挤出的气体压力作用乳胶管壁使它产生形变，乳胶管壁回弹将气体向外压出由于出口小在压力将至零以前地而次挤压又产生了。你们谁来说血液流动？"老师讲到此停了下来。

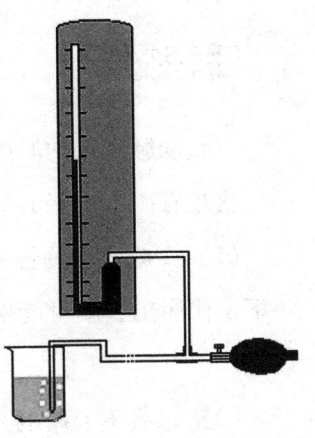

图3-1-2

"老师，我试着说一说。"杜仲表示。"心室收缩将血液压入动脉血管，动脉血管前面的毛细血管不能使血瞬间通过，动脉血管膨胀，这是我们摸着脉在向上；心室舒张心脏斩停向动脉血管供血，动脉血管回弹继续有血液压向毛细血管，这种压力逐渐变小至下次心室收

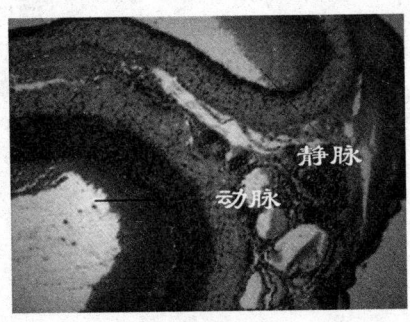

图3-1-3

缩，这是脉搏向下，周而复始。老师，我说的对吗？""对，杜仲解释的基本正确。同学们，这时候你想一想保持动脉血管的弹性，预防血管硬化有多重要了吧！"

引起动脉硬化的原因有许多,我们能做到的也是预防血管硬化最有效的方法是有一个良好的饮食习惯和生活习惯。

(1) 少吃含动物性脂肪过多食物,比如猪肉;高脂肪食物,人体无法一下子代谢出去就可能堆积在动脉血管的管壁上,从而造成动脉血管粥样硬化。

(2) 每餐不要吃的过多,摄入的糖类、蛋白质过多也要转化为脂肪囤积在的体内。

(3) 适当多吃蔬菜和水果,吃维生素、矿物质保护血管。

(4) 少吃盐,不要吸烟,不过量饮酒。

(5) 保持良好的心态和乐观情绪。

(6) 适当进行体力劳动,积极参加体育锻炼。

谜语中的药材名

● 谋士难当

● 西湖秋荬

2. 四肢上无数的定向"阀门"——四肢静脉瓣

"小问号"川贝、爸爸和妈妈与爷爷、奶奶分别工作和居住在不同的地方,爸爸和妈妈工作很忙,每年只有春节的时候才有时间去看望爷爷和奶奶;已经上了初中的川贝利用暑假时间独自去爷爷、奶奶家。

夏天气温高,爷爷经常穿短裤,川贝看到爷爷的左小腿很特别小,不仅表面青筋暴露,而且有些青筋像蚯蚓一样扭曲,而且颜色也不对,有的地方发红、有的地方发蓝;好奇的她一边摸着爷爷的腿一边问:"爷爷,您的腿这是怎么了?""哦,静脉曲张。"爷爷答道。"静脉曲张!您有什么不舒服吗?"川贝问爷爷。"有,这条腿感觉酸、沉、胀,特别容易疲劳、乏力。用手按一按还有些痛。"爷爷慢慢地说。"碍事吗?能治好?怎么得的?"性急的川贝一连问了三个问题。"不碍事,能治。听医生说得这种病与爷爷做教师长时间站着有关系。"爷爷一边摸着川贝的头,一边笑着说。

川贝对爷爷的回答半信半疑,没有再问什么。上网查一查,有许多说法看的是似懂非懂。

转眼暑假过去了,川贝回到了学校。生物科技小组活动时,川贝问同学:"你们知道静脉曲张吗?""不知道。"大家摇着头说。"机关枪"辛夷说："等会问老师。"

白芷老师前脚刚刚跨进教师的门，辛夷就抢先问道："老师，什么是静脉曲张？"

白芷老师带着同学做了一个实验，观察自己手表面的静脉血管（平时说的青筋，如果看不清楚可用乳胶管缠绕手臂，如输液前的操作，如图3-2-1所示）。

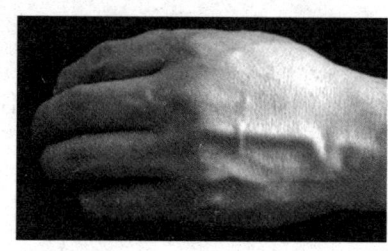 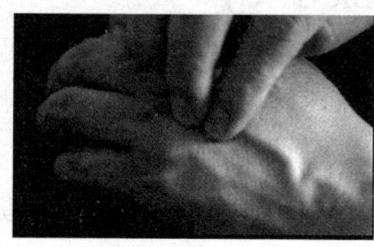

图 3-2-1　　　　　　　　　　　图 3-2-2

白芷老师讲："血管有动脉、静脉和毛细血管三种。我们现在看到的是四肢上的静脉血管；大家注意模仿我的动作。将食指和中指并拢按在一段静脉血管上（如图 3-2-2 所示）；中指不动，食指沿着静脉血管向近心端滑动（将这段血管的血液向心脏方向排挤）到手腕抬起食指，观察食指滑动过的这段静脉血管发生了怎样的变化（如图 3-2-3 所示）。"大家异口同声地说："这段血管瘪了。"白芷老师接着讲："我们把中指也抬起来，再看刚才瘪了的血管是否恢复了？""恢复了。"大家说。"大家再重复做几次体会、体会血液的流动。思考当静脉血管中存在怎样的结构时，会出现上述现象。"白芷老师说。

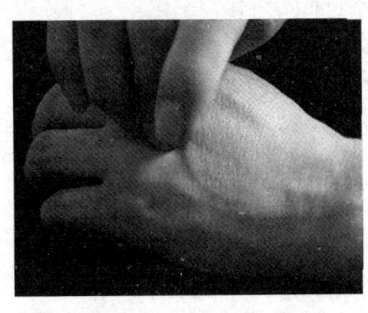
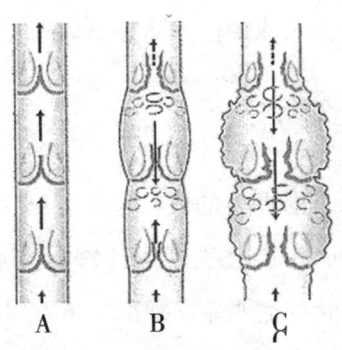

图 3-2-3　　　　　　　　图 3-2-4 由于静脉瓣膜闭合不完全而
　　　　　　　　　　　　导致的下肢静脉血逆流　静脉血管扩张

"显微镜"远志说:"老师,是不是在静脉血管里有只容许血液向心脏方向流动的结构?"

"定向开关。"辛夷接着远志的话说。"对！在人体四肢的静脉血管中有只容许血液向心脏方向流动的结构——静脉瓣。"老师边说边在黑板上绘出了图 3-2-4 A:"大家想一想:静脉血管的结构特点是管腔比较大,管壁比较薄;当静脉瓣发生变化关闭不完全,四肢内静脉血管的血液不能顺利的流回心脏而又有血液流来时,静脉血管壁可能发生怎样的变化?"

川贝一拍自己脑袋说:"静脉曲张。""怎么说?"辛夷、杜仲和远志一起问川贝。"人站着时腿部静脉内的血液是在由下向上流,当静脉瓣出现问题时,血液流回心脏不畅,但仍然有血液流来,在腿部血液比正常情况下多并集留在腿部的静脉血管中,静脉血管壁比较薄就变了。""对,就是川贝说的那样。你们看看我刚刚画的图 3-2-4 B、C。全身除内脏、脑和头颈部的大多数器官的静脉无静脉瓣外,其余各部的静脉都具有静脉瓣。四肢静脉的瓣较多,尤其下肢更发达,功能就是在人直立时可以防止血液倒流。而当静脉瓣出现问题时静脉瓣不能完全阻挡血液往下逆流,静脉内存血液量增加,静脉血管向外膨胀呈结节状突起。由于人体没有自我修复静脉瓣膜的机制,所以静脉曲张为一种不可逆的现象。你们上网查一查,了解它的危害和该如何预防静脉曲张。"老师对同学们解释说。

（1）静脉曲张的症状与危害：

静脉曲张患肢表现为浅静脉隆起、扩张、变曲，甚至迂曲或呈团块状，站立时更加明显。踝部、足背轻微的水肿和小腿下段轻度水肿。

患肢常感酸、沉、胀痛，易疲劳、乏力。

（2）并发症：

皮肤变薄、脱皮屑、皮肤瘙痒，色素沉着，湿疹样皮炎和皮肤溃疡；形成血栓性浅静脉炎，曲张静脉处压痛和疼痛；外伤或曲张静脉自发性破裂，引起急性出血。

（3）静脉曲张的预防：

避免长期的站立或长期行走，如因工作、训练等原因需要长期站立或行走，要穿弹力套袜使腿部的浅层静脉血管处于压迫状态；工作、训练后用温水做足浴和足、小腿和大腿的按摩；睡觉时将足和腿适度垫高（脚尖略高于心脏）。

站立时，不用两条腿一起支撑全身，经常交换站立的支撑腿；时间长时要时常交替摆动双腿或做几个蹲起练习。不要采用跷二郎腿的坐姿；不要穿过紧的衣服等。

谜语中的药材名

- 晴空夜珠
- 长生不老

四、微生物篇

1. 蘑菇落下的"花"——蘑菇的孢子印

情景导入

"今天午饭真好吃,特别是那个蘑菇炒得真好。"刚吃过午饭,远志心满意足地说。川贝忽然想到了什么,说:"你们看过蘑菇开花没?""没见过,蘑菇不开花的吧?川贝,就你想的多。""但是不开花不结果怎么产生的后代呢?"杜仲说道:"是啊,我们看到的植物好像都是开花结果的,我们问问老师吧,蘑菇怎么繁殖后代的。"

白芷老师听到他们的疑问,说道:"首先,大多数植物都是要通过种子繁殖后代的,这需要开花结果,但是也有一部分低等植物它们有其他的方法繁殖后代,而且蘑菇可不是植物,它属于另外一个大类群——真菌。那蘑菇是怎么繁殖的呢?我们来做个活动吧。"

边玩边学

（1）材料、用具：新鲜双孢蘑菇或香菇①、白纸、小聚苯块、烧杯、解剖刀或解剖剪等。

（2）步骤：

①选取一较大的新鲜双孢蘑菇（香菇），用解剖刀或解剖剪将菌盖从菌柄上取下来；菌盖的菌褶面朝下用牙签插在蘑菇菌盖的中央。

②聚苯块（略大于烧杯口）放置在桌面上，聚苯块上覆盖一张白纸。

③插有菌盖的牙签另一端固定在白纸上，再扣上烧杯（如图4-1-1所示）。

图4-1-1

④第二天，拿开烧杯和菌盖，观察蘑菇菌褶落下的孢子形成的呈放射状孢子印。

听老师讲

蘑菇属真菌类，它不开花，不产生种子，通过孢子来进行繁殖（见图4-1-2）。孢子散落到适宜的地方萌发出菌丝，然后生出子实体，这就是我们看到的蘑菇。但是子实体开始很小，不易被发觉，等到吸足水分后，在很短的时间里就会伸展开来。蘑菇是由菌丝构成的。

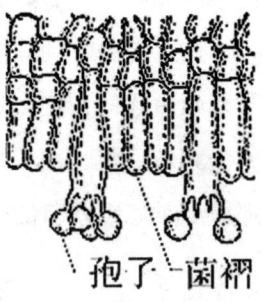

图4-1-2

---

①有条件的地方在保障安全的前提下用野生蘑菇效果更好些；人工栽培的蘑菇由于采摘时蘑菇还比较嫩，多数无法看到孢子印。

蘑菇细胞没有叶绿素,不能通过光合作用自己制造有机物,是利用菌丝伸到有机物中去吸取现成的养分来维持生命和生长的。所以,蘑菇常常生长在温暖阴湿而富有有机质的地方。

孢子是母本产生的没有性别分化的生殖细胞。这种生殖细胞不需要通过两两结合就能发育成完整个体。这样由孢子直接发育成新个体的繁殖方式称为孢子生殖。自然界中进行孢子生殖的生物还有很多,如各种霉菌、放线菌、衣藻等。

谜语中的药材名

● 老娘获利

● 假期休完

2. "生气"的馒头——酵母菌发酵

情景导入

远志在家向妈妈学习如何蒸馒头。妈妈首先在一个小碗中放了些东西，用水化开，将此水一点一点倒入面粉，和成面团。可是妈妈和好面，并不急于做馒头，反而将它放在一边，说是醒面。更令他不解的是，妈妈明明放进蒸锅的是一块小小的面团，可是蒸完之后，却变大了很多。远志越来越好奇，决定将他的疑惑告诉白芷老师。

老师听了远志的疑惑，首先告诉远志："妈妈在小碗中放的东西是酵母菌。人们平常所吃的馒头、面包，都是面经过发酵而制成的，它们蓬松有弹性，口感很好，还带有特殊的香甜味。而用来发酵的无论是从前的酵头（面肥），还是现在的发酵粉，其实主要成分都是酵母菌。现在酵母菌的作用已经不仅仅只停留在发酵作用上了，由于其独特的品性，酵母菌的用途也越来越广，成为一种多功能的食品添加剂。"

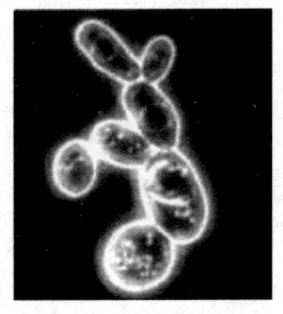

图 4-2-1　酵母菌

远志听完，似懂非懂，接着问："和好的面团为什么要放置一会儿？"

白芷老师告诉远志："醒面就是让酵母菌发酵，而发酵实际上就是酵母菌在进行呼吸作用。"

说完这些，白芷老师和远志一起做了个小实验。

实验一：

（1）实验材料和用具：鲜酵母、面粉（葡萄糖反应的速度快）、水、塑料饮料瓶和气球。

图 4-2-2　　　　　图 4-2-3

（2）实验步骤与现象：

①向饮料瓶中加入少许鲜酵母、20克面粉（葡萄糖）、150毫升水，在瓶口上套上一只气球（见图4-2-2）。

②根据环境温度，如果低于20℃，将饮料瓶置于灯光下加热。

③观察现象，大约30分钟后气球被吹气（如图4-2-3所示）。

④将气球内收集到的气体通入澄清的石灰水中，观察现象。澄清的石灰水变浑浊。

⑤嗅闻饮料瓶内的气味：酒味。

（3）实验结论：酵母菌发酵产生_____气体和_____。

实验二：

（1）实验步骤与现象：

①将气球再次套在装有酵母菌、面粉和水的饮料瓶上。

②对上述的饮料瓶进行水浴加热,观察现象;气球迅速膨胀起来。

③将气球内收集到的气体通入澄清的石灰水中,观察现象。澄清的石灰水变浑浊。

(2) 实验结论:水中溶解的大量二氧化碳气体会随着温度升的而溢出。

酵母菌营专性或兼性好氧生活。在缺乏氧气时,酵母通过将糖类转化成为二氧化碳和乙醇来获取能量。在酿酒过程中,乙醇被保留下来;在烤面包或蒸馒头的过程中,二氧化碳将面团发起。在有氧气的环境中,酵母菌将葡萄糖转化为水和二氧化碳,例如,我们吃的馒头、面包都是酵母菌在有氧气的环境下产生膨胀的。

醒面同时存在有氧和无氧呼吸。面团的表面会接触到空气,酵母菌接触到氧气会进行有氧呼吸,发面时间过长的时候,会有水产生,面团会变稀。面团的中间不接触空气的部分,酵母菌进行的是无氧呼吸,无氧呼吸产生的是酒精和二氧化碳,所以面团会变得松软和有气孔,会有一些香味,所以酵母菌发面既进行有氧呼吸又进行无氧呼吸。

你还知道酵母菌在生产和生活中的哪些应用。

谜语中的药材名

● 老实忠诚

● 越来越轻

五、遗传篇

1. 做"晃华铃"学遗传——模拟分离规律

生物科技小组活动,白芷老师带着同学做"晃华铃"。"小问号"川贝问:"老师,我们做华铃给谁玩呀?我们又不是幼儿园的小孩?"老师说:"我们大家一起玩。"

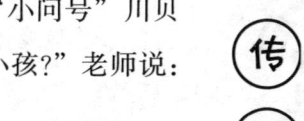

(1) 材料:乒乓球 2 个,直径 2 毫米的单股铜导线 300 毫米,直径 8 毫米的红黄两种颜色的小塑料珠各 10 个,A、B 胶若干。

(2) 工具:解剖针、小圆锉和钳子。

(3) 制作过程:

①去除导线两端 20 毫米长的绝缘层;将导线从中点对折并交叉,用两手不断向相反的方向拧导线使其

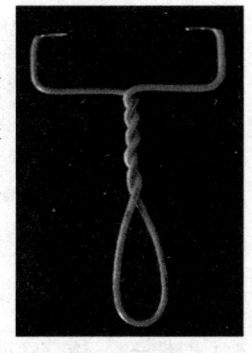

图 5-1-1

呈麻花状，至导线上段各剩余80毫米为止。

②在相互交拧的两根导线基部，分别将2根导线在同一平面内向相反的方向弯曲90度（称其为折点1），使导线成"T"型；以折点1为基点各向外40毫米（乒乓球的直径）在同一平面内向着与导线交拧部分相反的方向弯曲90度（折点2）；从折点2起向前20毫米（乒乓球的半径）再同一平面上相向弯曲90度（折点3），制成"华铃"的柄（如图5-1-1所示）。

③用解剖针分别在两个乒乓球上各扎一个小洞，再用小圆锉扩大这个洞至直径7.5毫米（略小于小塑料珠的直径）（如图5-1-2所示）。

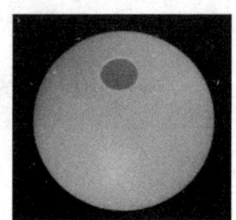

图5-1-2

④把两个乒乓球上孔朝向同一个方向，然后用A、B胶将它们粘合。

⑤在乒乓球两侧与直径7.5毫米空洞垂直的位置上，用解剖针各扎一个直径2毫米的空，将"华铃柄"上去掉了绝缘体的部分经此孔插入乒乓球内（如图5-1-3所示）。

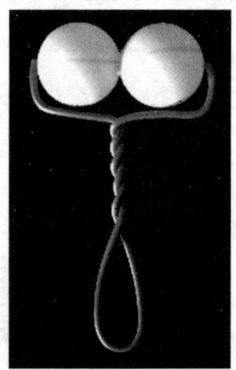

⑥将红黄两种颜色的小塑料珠分成2组，每组红黄2种颜色的球各5个；将各组小球经直径7.5毫米的孔洞分别压入到2个乒乓球内。

图5-1-3

（4）成果展示：

华铃做好了。"老师，我们就晃着玩？""机关枪"辛夷急不可耐地问。

"对，我们就是晃着玩，只是每次晃几下后看一看，乒乓球上孔露出的塑料珠的颜色（图5-1-4所示），每个同学将看到的现象记载在表中。然后，将每个同学的记录集中在一起。"

图5-1-4

次数	两个红珠子	两个黄珠子	一个红珠子一个黄珠子
1			
2			
3			
4			
5			
6			
7			
8			
9			
10			
统计概率			

同学们的数据汇集在一起,"显微镜"远志说:"同时出现两个红球和同时出现两个黄球的次数差不多吗?"杜仲和辛夷则异口同声地说:"没错!同时出现两个红球与同时出现两个黄球的次数差不多,这两个加起来又同一个黄珠与一个红珠一起出现的次数差不多。"白芷老师说:"不错不错,今天的活动就到这里结束。"

同学们你看我,我看你,一头雾水。

生物课学习分离规律:

（1）孟德尔[①]和他的豌豆实验

在孟德尔以前，流行的是混合遗传学，认为遗传物质是类似液体状的。黑的动物与白的动物交配生出的是灰色的后代，就像一杯热水与一杯冷水混合后变成两杯温水。

孟德尔的贡献是提出颗粒遗传说。他认为生物表现的各种性状是由生物体内的遗传因子决定的。遗传因子在传递过程中是保持独立的，杂种在后代中会分离出来。

孟德尔选择了严格的自花闭花授粉植物豌豆作为实验材料。由于豌豆是严格的自花授粉植物，在没有人为作用因素影响情况下，豌豆是纯种。在试验中孟德尔以几个容易区分的性状为研究对象，一次杂交试验中仅观察一两个性状，记录下每一代中不同类型豌豆植株数，并用数学的方法进行统计分析。经过8年科学的、勤奋的工作后，孟德尔发现了遗传学的两个基本规律分离规律和自由组合规律。

（2）显性、隐形和相对性状

豌豆品种中有高茎的和矮茎的。高茎豌豆自花授粉，后代全是高茎的；矮茎豌豆自花授粉后代全是矮茎的。将纯种高茎豌豆（亲本）花的雄蕊摘除，从纯种矮茎豌豆（亲本）花上收集花粉，涂抹在纯种高茎豌豆花的雌蕊柱头上，是两个不同品种的豌豆完成传粉和受精。这种方法叫杂交。产生的后代叫子一代。子一代全部是高茎的豌豆。高茎性状对于矮茎性状来说，高茎在子一代显现出来——显性性状；矮茎性状对于高茎性状来说，矮茎在子一代没有表现出来隐藏着——隐形性状；高茎与矮茎这样同一种性状的不同表现类型——相对性状。

[①]孟德尔（1822~1884），"现代遗传学之父"。出生在奥地利西里西亚（现属捷克）。

亲代 P　　纯种高茎（2米）　　×　　纯种矮茎（25～50厘米）
（杂交）
↓

子一代 F_1　　　　　　高茎

（自交）↓⊗

子二代 F_2　　　高茎787株　　　　矮茎277株

(3) 分离现象

子一代的植株通过自花授粉，产生的后代——子二代。豌豆高茎的子一代植株自交产生的种子，种出的子二代，有高茎的也有矮茎的。在杂交后代中，同时显现出显性性状和隐性性状的现象——性状分离。

孟德尔的假设（解释）：

豌豆植株的细胞中存在着控制相对性状的遗传因子，现在我们称为基因。

控制每种性状的遗传因子有显性与隐性之分。如：控制豌豆高茎的遗传因子为显性，用 D 表示；控制豌豆矮茎的遗传因子为隐性，用 d 表示。D 和 d 是控制豌豆植株高矮的遗传因子的两种不同形式。

遗传因子在生物体的体细胞内成对存在，在生殖细胞（配子）精子和卵细胞内则成单存在。

	D	d
D	DD 高茎	Dd 高茎
d	Dd 高茎	dd 矮茎

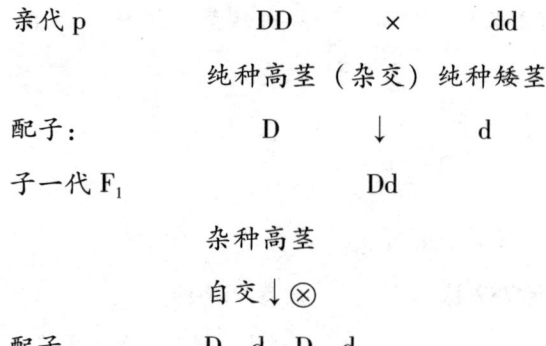

子二代中高茎豌豆与矮茎豌豆的比例为3∶1；豌豆植株的基因组合方式有DD、Dd、dd，比例为1∶2∶1。

老师让生物小组的同学，介绍华铃游戏过程和统计的数据。

智多星杜仲没等其他同学说话，兴奋地站起来说："老师，我明白了。我们玩的华铃中不同颜色的珠子，就如同D、d的基因，每个乒乓球每次露出的塑料球就如同一个配子，两个乒乓球同时露出的塑料球就如同后代的基因型。基因和配子的活动规律就像华铃中露出的球，是随机的。老师我说的对吗？""很好！正是这样。"老师说。

谜语中的药材名

● 鲜奶芬芳

● 女红军

六、资源保护篇

1. 涵养水源的功臣——森林（草甸）保持水土的作用

情景导入

夏天到了，雨下的越来越多了。辛夷发现了问题："今年下的雨好大啊，我上学的时候看从山上流下的水可浑浊了。"川贝说："可是，我来的时候看到山上流下是清水呀！"杜仲认真想了想："我们在生物课上学到了森林和草甸能

图 6-1-1　森林和草甸

涵养水源保持水土，是不是树和草的作用？对了，辛夷你家山上是玉米地；川贝你们家边上的山坡是森林公园的一部分。"停顿了片刻，辛夷说："可能是吧。"半天没有说话的杜仲说道："这样吧，我们向老师提个建议，做一次模拟草地涵养水源保持水土的实验怎么样？"

他们找来了生物老师白芷，说出了自己的想法。白芷老师说："你们

的想法很好啊，想想这个实验应该怎么设计呢？"

室内实验：

（1）材料、用具：2只大小相同的木箱（建议：木箱：80厘米×50厘米×15厘米）、小麦种子、砖、解剖针、2升的塑料饮料瓶、500毫升量筒、200托盘天平等。

（2）实验步骤：

①分别向两个木箱内相同等量的土，在其中一只木箱内种上草（小麦）（实验组），另一只木箱不种（对照组）；浇等量的水（一次将木箱中图浇透）。

②在饮料瓶的上部用解剖针扎一些直径0.2~0.3厘米的孔。

③根据土壤的湿度，用饮料瓶向木箱内土壤喷水（实验组与对照组要等量）。

④待草（小麦）长起覆盖了木箱（实验组）内的土后，分别在两个木箱的一端下面放上一个水槽，另一端用砖垫高，使整个木箱倾斜（木箱与地面的夹角依次为100、150、200、250、300、400和500度）（见图6-1-2）。

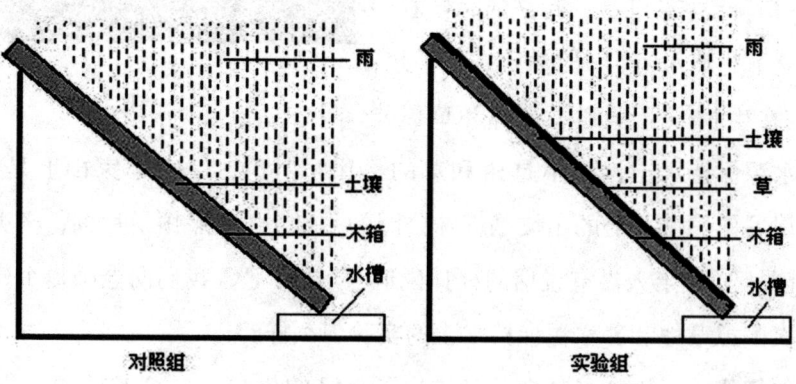

图6-1-2 草原保持水土的模拟实验

⑤向饮料瓶内注入1.5升水,拧上瓶塞;瓶口向下,分别在实验组与对照组上方1米处模拟下雨过程(重复两次);注意观察从木箱中流入水槽的水量和浑浊程度。

⑥取出2个水槽静置至泥土沉淀,水质变清;分别测量2个水槽内的水的容积;称量其泥土重量;将泥土晒干(烘干)后再次称量土的重量。

⑦比较实验组与对照组,在坡度相同、降雨情况相同的情况下,水土流失的差别。

⑧一天后,依据实验步骤④所述改变木箱与地面的夹角,重复实验步骤⑤、⑥、⑦。

(3) 实验数据:

组别 坡度(度)	实验组		对照组	
	流失水量(毫升)	流失土重(克)	流失水量(毫升)	流失土重(克)
10				
15				
20				
25				
30				
40				
50				

(4) 实验结论:有草覆盖的土地水土流失_____(严重、不严重),没有草覆盖的土地水土流失_____(严重、不严重)。没有草覆盖的土地水土流失随坡度的增加,水土流失情况_____(加剧、减轻)。

实地考察:

(1) 考察准备:

①时间:多雨的季节。

②地点：在山区或丘陵，在相对较小的范围内，分别选择2~3块坡度大致相同，地表植为天然林、人工林、灌丛、草甸等植被覆盖良好的地方和裸地或耕地等植被度低的地方。

③准备材料：笔、记录纸、500毫升烧杯、500毫升量筒、天平、pH试纸、照相机和录像机等。

图6-1-3

（2）考察过程：

①下雨时，到选定的地点进行观察。不同植被类型和没有植被覆盖的裸地，有无径流，径流的大小，径流的混浊程度。

②用照相和录像的方法将以上情况进行记录。

③用烧杯等容器分别收集径流水。用pH试纸，测试水的pH值。

将收集到的水沉淀后观察，相同水量的情况下，取自不同环境的径流含沙量的差别。

取出泥沙晒干，用天平分别称量泥沙重量，计算不同植被类型和没有植被覆盖的裸地下雨时形成地表径流的含沙量。

对以上过程看到的现象和数据进行记录。

（3）汇报成果：

有植物覆盖的地区径流的大小和径流浑浊程度比裸地小。说明森林和草甸涵养水源保持水土的作用非常明显。

（4）注意事项：

①组织者一定请大家注意安全（雨越大这种观察体验越效果越好，但安全问题也越大）。

②在观察记录前设计好观察记录表。

 听老师讲

在自然界中,森林能涵养水源,保持水土。

森林通过林冠层、林下植被层、枯枝落叶层与土壤层的共同作用,有着良好的水土保持作用,特别是森林土壤由于巨大的储水能力,被人们形象地称为"土壤水库"。由于森林的枯枝落叶、植物的根、各种土壤动物的活动,使得在森林土壤中形成了大量的具有很强的涵养水能力的孔隙,当雨水落到林地时绝大部分能迅速下渗储存在土壤中,这样不仅减小了降雨时在地表形成的径流,从而减小了发生洪水的可能,而且这些水储存在土壤中还可以供少雨的季节使用。研究表明每公顷森林土壤平均能储存水9000多立方米。同样是由于林冠层、林下植被层、枯枝落叶层的作用使得落到地上的雨水已失去了大部分对土壤的冲击力,减少了雨水对土壤冲刷作用,进而减少了土壤的流失。

谜语中的药材名

- 天女散花
- 任人唯贤

2. 合理利用才可持续——体验生物资源的有限性

情景导入

"今天我们的活动从游戏开始,"白芷老师说。"什么游戏呢?夹花生。4人一组,每组一双筷子,20粒花生种子。"

(1) 游戏过程:

①20粒花生种子放入培养皿,培养皿放置在一个课桌上;本组同学围着课桌坐。

②用筷子将培养皿内的花生夹取出来(每组只有一双筷子,只能一个操作);时间1分钟;各组听教师的号令同时开始、结束。

③1分钟后,教师检查各组培养皿内未被夹出的花生种子粒数;并根据其数量补充相同数量的花生籽粒。

④重复游戏过程②、③。

⑤到有的组将花生从培养皿内夹完为止。

(2) 对游戏的思考:

杜仲和辛夷正兴高采烈地说:"哦,我们组赢了!我们组先把花生夹没了。"白芷老师却说:"你们输了,输得很惨!"大家听着莫名其妙。

先给你们讲个故事:"乌苏里江水长又长,蓝蓝的江水起波浪,赫哲人撒开千张网,船儿满江鱼满仓……"老师先唱起一首《乌苏里船歌》,接着说:"歌中唱的确实是过去赫哲人真实的生活;鱼多的时候,渔网撒下去就得马上收网,慢了挂鱼太多网承受不了,船也装不下;那时候用的是小船、挂网。现在船大了,有了机械动力船也快了;捕鱼的人也多了;渔网也大了、先进了;捕到的鱼越来越少,越来越小。大家想一想,虽然鱼能够繁殖和生长,当捕捞的速度大于鱼的增殖速度时会出现什么境况?"

"老师,我明白了,我们夹花生就如同捕鱼,补充花生就如同鱼的自然增殖;只有我们的捕捞速度小于或等于鱼的增殖速度,才永远有鱼可以捕。"杜仲说出了自己的感悟。辛夷说:"20世纪以前,北美大陆生活着一种叫北美旅鸽的鸟,它们的数量最多时有50亿。由于人类的猎杀,到19世纪末,已成为稀有物种;这时人们才想到要保护它,结果太迟了;1914年,最后一只人工饲养下的旅鸽也老死于动物园,这个物种绝灭了。"远志说:"太可怜了。可是它生活了这么多年,也算是可再生能源了吧。怎么会几十年就灭绝了!"

自然资源,是指在一定的经济技术条件下,自然界中对人类有用的一切物质和能量。自然资源是人类生存与发展的物质保证,按其自身的自然属性,一般可将自然资源分为三大类:环境资源,包括光、热、水、空气等;生物土壤资源,包括多种多样的动物、植物、微生物、森林、草原以及土壤等;矿产资源,包括各种金属矿物,以及煤、石油、天然气等化石材料。

可再生资源:通过天然作用或人工活动能再生更新,而为人类反复利用的自然资源,又称为非耗竭性资源,如土壤、植物、动物、微生物和各种自然生物群落、森林、草原、水生生物等。可再生自然资源再现是要在特定的时空条件下才能实现的。如果,消耗的速率超过了再生速率或物种灭绝,则变为不可再生资源。

不可再生资源:人类开发利用后,在相当长的时间内,不可能再生的自然资源,主要指自然界的各种矿物、化石燃料和岩石,例如泥炭、煤、石油、天然气、金属、非金属矿产等。这类资源是在地球长期演化历史过程中,在一定阶段、一定地区、一定条件下,经历漫长的地质时期形成的。与人类社会相比,其形成非常缓慢几乎不能再生。人类对不可再生资源的开发和利用,只会消耗。其中,一些资源可重新利用,如铜、铁、铅、锌等金属资源;另一些是不能重新利用,如煤、石油、天然气等。

谜语中的药材名

● 实而不华

● 植物学家

七、巧手制作篇

1. 我有一双小巧手——系列（1）植物叶片造型

情景导入

"小灵通"爬山虎找"机关枪"辛夷玩，一进院子，就见辛夷蹲在好多不同的叶子中间，又是挑选又是折叠摆弄，很诧异，忍不住问："你干什么呢？"辛夷说："前两天我表妹从北京来，跟我做叶子游戏，她能用叶子做小书包、小拖鞋好多造型，还能说出用的叶子是什么形状的，我就不行。不过，我说那是因为我原来没这么玩过，要是我玩起来，肯定比她棒。所以，我给她下了战书，以一个月为限，一个月后比比看谁用叶子做的造型多。我现在正加紧备战呢！"爬山虎说："咱们这儿植物种类和数量超级多，叶片资源取之不尽用之不竭，你表妹那儿是大城市，只能捡些落叶或是到郊外才能得到叶子，我们有天然优势。再叫上'小问号'川贝、'智多星'杜仲、'显微镜'远志来帮忙，你一定能赢。"辛夷喜出望外，立即接受了爬山虎的建议。

图 7-1-1　辛夷小表妹的叶片作品（小书包、小拖鞋）

两人很快召集齐小伙伴，共同商议对策，辛夷拿出保留的叶片制作样品给大家研究。"显微镜"远志首先发现问题："看来做不同的造型，得用不同的叶片。如果我们能收集到很多形状不同的叶片，能做的造型可能就会更多。""叶片的颜色不同，也能增加变化。""小问号"川贝补充道。"不同质地的叶片，要用在不同的地方。比如结实的长条形的可以用来捆绑固定，大片的可以折叠来用。""机关枪"辛夷抢着说。"智多星"杜仲深沉地说："咱们可以先采一些形状、颜色、质地不同的叶子，然后在分头设想几个自己喜欢的熟悉的造型，写出来或者画出草图，然后我们再根据叶片材料和造型需要，设计我们的作品。你们说怎么样？""应该先设计造型再采集叶子，不然叶子该蔫了。"爬山虎补充道。"对，咱们把采的叶子放到塑料袋里保湿，然后放到荫凉的地方，回家还可以放到冰箱里，像叶子菜一样保鲜。就可以延长叶子的新鲜时间了。"杜仲接着说。大家一致同意，马上投入行动。

半天过去了，几个伙伴设计了 20 个造型，采集了几十片各形各色的叶子，坐到一起开始叶片制作了。

图 7-1-2　各形各色的叶子

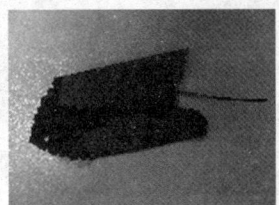

图 7-1-3　叶片造型制作过程

巧手制作篇

还有 5 天就到一个月，小伙伴们开始整理作品，大家满心欢喜地清点着作品图片。"机关枪"辛夷忍不住感叹："用平平常常的叶片做游戏，竟然这么好玩！咱们只用叶子就创造出这么多可爱的造型，真是太强了！""显微镜"远志说："咱们这一个月呀，简直是完成了一次叶片艺术的创作之旅，太开心了！""机关枪"辛夷说："我们不只是玩得开心，还学到好多知识呢！""对呀，我们认识了几十种植物，还了解了它们叶子的形状、颜色、质地，快成叶子专家了！""小问号"川贝应和道。"增加知识是真的，不过说到成专家呀，咱们可是差远了。我听说人家植物学家区分叶子都是有严格标准的，可不像咱们这么简单。""小灵通"爬山虎说。"智多星"杜仲建议："不如我们查查植物学家是怎么区分叶子和给叶子分类的，到比赛的时候，我们不只是造型丰富、叶片材料多样，还能说出叶片来自什么植物，植物学家把它们定为什么类型的，那我们不就胜定了吗？""对，就这么干。"小伙伴又跑出去，分头查找植物书籍去了。

图7-1-4 叶片制作的作品

经过两天的资料查询，伙伴们把材料凑到一起进行整理，发现叶子可以有很多细致的区分方法。比如，叶形、叶尖、叶基、叶缘等等，好多是自己原来没注意到的。大家像发现新大陆一样，赶紧把各种资料整理起来，怀着必胜的信心，期待着竞赛结果爆出的那一天早日到来。

植物学中关于叶片的资料总结如下：

A：相关知识介绍：

植物的叶一般由叶片、叶柄和托叶三部分组成。

具有叶片、叶柄和托叶三部分的叶称为完全叶，如桃、梨、棉花、月季等。只具有其中的一部分或两部分的叶称为不完全叶，如没有托叶的女贞、丁香的叶，既无托叶又无叶柄的莴苣、石竹的叶，都是不完全叶。

一个叶柄上只生一个叶片，称为单叶。在落叶时叶柄和叶片同时落下，如梨树、泡桐、榆树等。一个叶柄上生有两个以上的叶片，称为复叶。落叶时小叶柄先落，总叶柄后落，如大豆、七叶树、沙田柚。

B：相关图解①

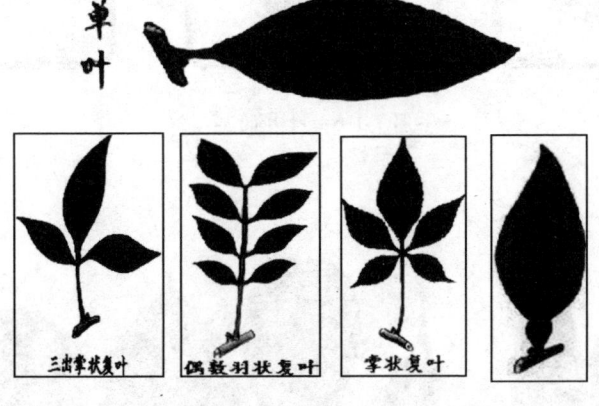

图 7-1-5 单叶和复叶

①图片来自长江大学制作的"被子植物形态学基础知识"演示文稿。

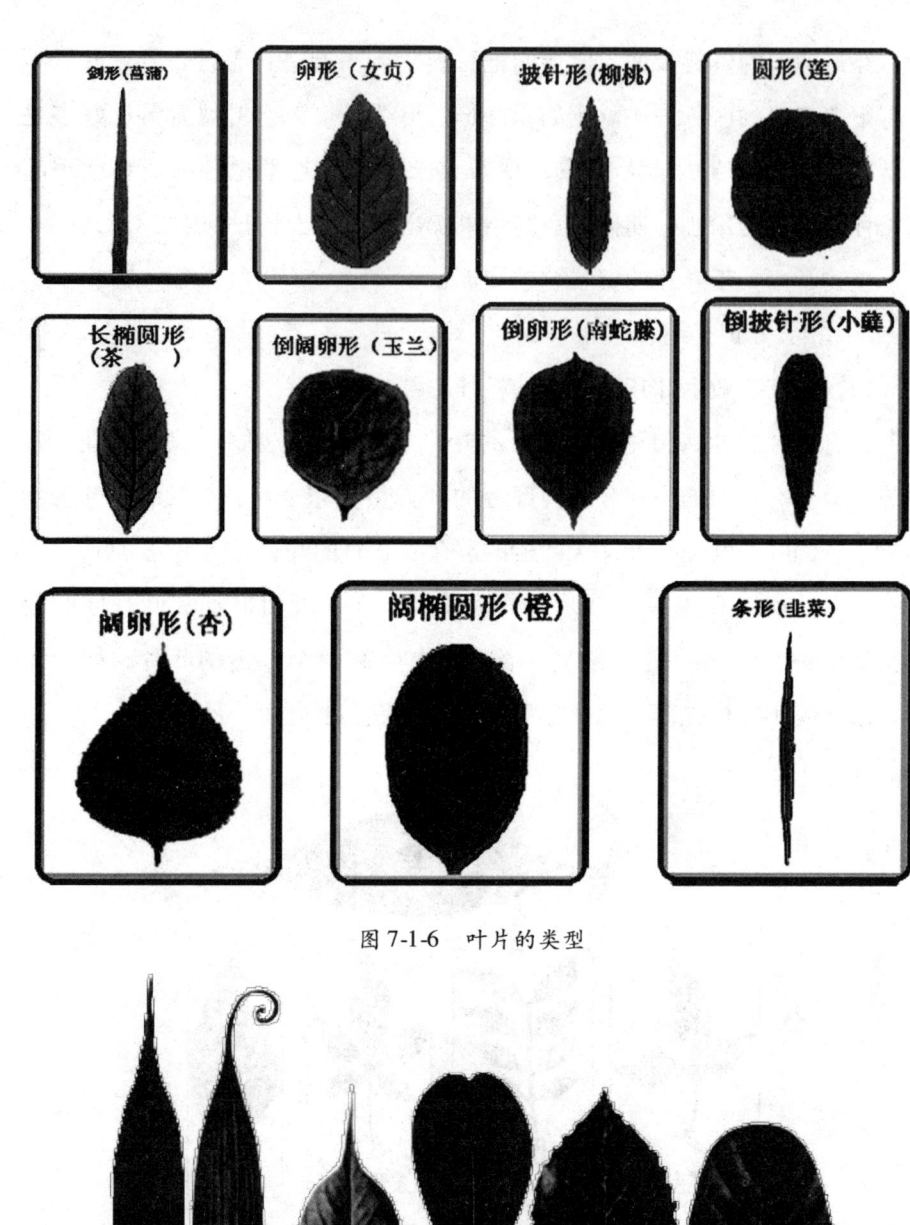

图 7-1-6 叶片的类型

图 7-1-7 叶尖的类型（根据叶片尖端的形状划分）

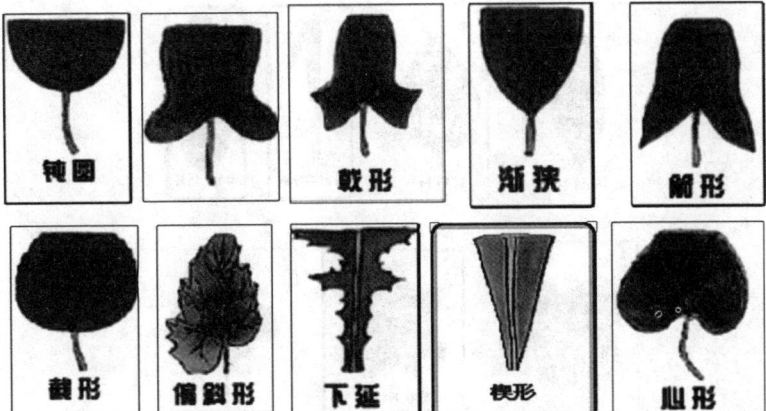

图 7-1-8　叶基的类型（根据叶片基部的形状划分）

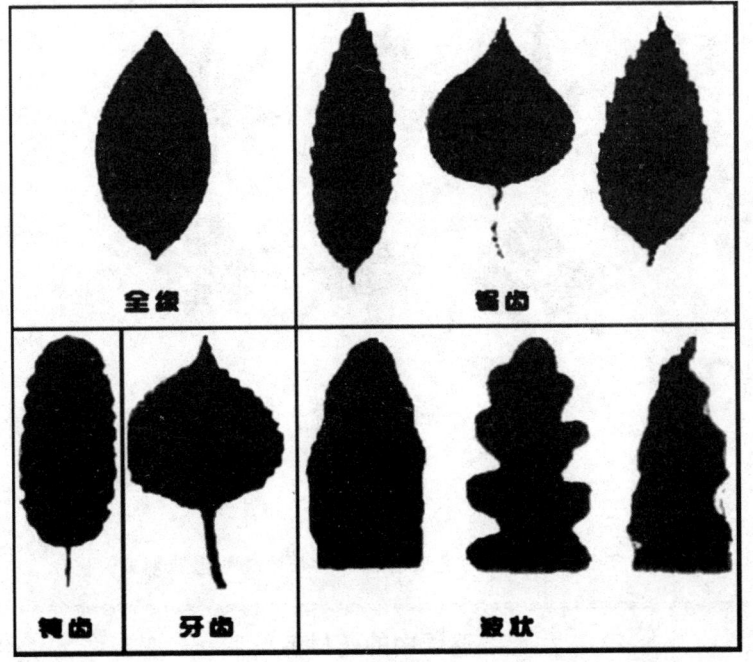

图 7-1-9　叶缘的类型（根据叶片边缘的形状划分）

图 7-1-10 叶脉的类型（根据叶片上凸起的脉络划分。叶脉是叶中的维管束，负责输导叶内营养和支持叶片）

图 7-1-11 叶裂的类型（根据叶片边缘的形状划分）

谜语中的药材名

● 无价之宝

● 天池洞水

2. 我有一双小巧手——系列（2）插花制作

情景导入

放暑假了，"显微镜"远志到"小灵通"爬山虎家玩，看到墙上挂着一套精美的挂历，上面是插花作品的照片，可漂亮了，心里想要是自己家能有这样一瓶花多好呀！想到自己家院子里有很多盛开的花，决定试着插一盆装点自己的小屋。他回家找来一个漂亮的酒瓶当花瓶，又到院子里剪了几枝月季和一些绿叶，开始按着记忆做起来。但是，那些花就像跟他作对一样，怎么也不听他的安排，就是不按他的希望呆着，不是转到一边，就是调到瓶底，折腾半天也没做出个满意的造型。他把花放到一边找到"智多星"杜仲，问他有没有固定花枝的好办法，杜仲也不知道，不过他提议到"小灵通"爬山虎家上网查查怎样制作插花。

网络上讲解插花知识的文章真不少，还有很多图片（如图7-2-1）呢！
"显微镜"远志说："先看看图片吧，来得直观！"围着电脑看着千姿百态的插花图片，大家七嘴八舌地议论起来："看，插花可以用不同的容器，花可以插在瓶子罐子里，也可以插在篮子里、盘子里。""材料可以用植物的花、叶子、果实和枝条，还可以加一些丝带、小工艺品呢！""造型可以是规则对称的圆球形、扇形、果圆形，也可以是不对称的L形、S形、不对称三角形。""看来插花就是用花朵、叶片、枝条、果实这些材料，以美观的形式组合在容器里，做成一个漂亮的作品。"……大家觉得可以发

图 7-2-1　插花作品

挥自己的想象来插花，只要大胆构思、细心制作，一定可以创造出自己的插花作品。"不过，还是要解决一些技术问题，像固定花材、整理花材，还是要看看介绍。""智多星"总是更深沉周密。

边玩边学

经过一番阅读，去繁从简，大家总结出插花的几个基本步骤：

（1）构思作品：根据用途、摆放位置和表达内容进行造型设计。

（2）选材和准备用品：根据设计选择花材和容器，准备花泥，剪刀、胶带、铁丝、丝带等工具。

（3）加工花材：去掉残枝败叶，进行必要的花材的造型，如长度修剪、叶片弯曲、切口处理等。

（4）固定插点：在容器适当的位置安置花插或花泥。瓶插可以不用花泥，截取两段与瓶口直径相适应的较粗枝干，十字交叉平撑在瓶口内固定插点。

（5）依次插制：一般先插花后插叶，也可以先插衬叶再插花。首先插3个主枝控制好基本造型和规格，然后再填充花材，完成作品。特别要注意的是，插的时候得捏住花卉的根部上10厘米左右的地方，看好花枝应有的位置，再插下去固定，避免花枝折弯或反复插拔。

（6）命名。作为欣赏的艺术性作品，会取名点明主题。社交中的礼仪用花大多不命名。

有了理论依据，大家信心更足了，约定分头准备用品，明天一起创作。

第二天，三个伙伴找齐来工具，远志还从妈妈那里争取到一些人造花和一大块泡沫塑料的赞助。妈妈说人造花不容易坏也不会蔫，泡沫塑料可以充当花泥，这样成本低，可以从容地反复演练，等手练熟了，再采鲜花来插。三个人兴致勃勃地反复研究和试验，终于一段时间的努力，终于成功地创作了四个作品，还给一个作品分步还原拍了照。

（1） （2） （3） （4）

（5） （6） （7）

图 7-2-2　插花制作步骤记录图

　　花插好了，他们每人拿了一个作品放到自己的房间欣赏，留下一个样品放在显微镜远志家客厅用于跟其他伙伴分享，家长见了他们的作品都说这三个孩子手真巧。"小灵通"爬山虎总结道："插花，不仅可以用来点缀自己的生活环境，增添美感；作为探亲访友的礼品，增进友情；还可以作为创造力的证明，赢得赞赏。""智多星"杜仲也大有体会："赢得赞扬是正常的，想想看，插花制作，既需要有创意，又需要有审美眼光，还需要有操作技术，那可是综合艺术，能成功者，自然会得到表扬了。""这个假期呀，我准备用插花来装扮我的家，妈妈一定会很高兴的。""显微镜"远志自有自己的计划。

谜语中的药材名

● 千古流芳

● 心心相印

3. 我们生活在鲜花丛中——用植物装点生活

情景导入

新学期第一次生物小组活动，老师说活动主题是"植物美化生活"，学期末将做一个相关主题竞赛，参与的同学要展示自己养植的植物盆栽，出示养植工作记录，介绍养植经验和体会。做得好的还将报送参加区里和市里的竞赛。这对于植物爱好者川贝、杜仲、爬山虎、辛夷、远志可是个难得的好机会，他们立即投入了竞赛准备。又是去准备花盆、花铲、花肥、培养土；又是找个新本准备做记录用，又是跟爸爸妈妈爷爷奶奶咨询……忙了一通之后，他们发现，有三个问题至关重要：养什么植物，既能起到美化生活的作用，又适合家里养，还便于拿到学校展示？怎样养好自己的盆栽？养植记录如何记才更科学完整，更能充分展示养植成果？看来需要仔细设计。

五个伙伴紧锣密鼓地查资料、向人咨询、反复商议，终于设计了一整套行动方案。

首先，解决选择植物的问题。他们制定了六个选择标准：有一定观赏性的；安全无害的；家里比较好养的；个头适中便于移动的；比较好取得种苗的；如果能对健康有利或具有观赏之外的用途更好。按着这个标准每人选出两种植物，在养植过程中，进一步选出一种最适合用来美化生活的

巧手制作篇

植物，参加比赛。

其次，解决养好植物的问题。从三方面做：一是查询相关文献资料，了解自己选定植物的养植技术，以及其他基本的养植知识；二是走访有养植实践经验的人，向他们请教实用技术；三是在实际养植中多观察多摸索。

最后，解决做好记录和展示的问题。记录分为四部分：第一部分是工作方案。包括选择植物的种类及选中理由，栽培用品用具种类，栽培技术要点，可寻求的技术支持资源。第二部分是工作记录。记载这个栽植工作的所有进展。第三部分是植物养护记录。填写养护记录表，记录养植过程中采取各项养护措施的情况（如：浇水、施肥、修剪、调整摆放环境、病虫害防治等）。第四部分是植物生长记录。填写生长记录表，记录植物由始至终的株型变化，生枝、开花、结果情况。

栽培工作方案

制定人：＿＿＿＿＿＿

项目	内容	完成途径
栽培植物种类		
选栽理由		
用品用具		
栽培技术要点		
备注		

栽培工作记录

记录人：_____

时间	地点	人员	内容	备注

_____植物养护记录表

填表人：_____

养护时间	养护措施	养护效果	备注

_____植物生长记录表

填表人：_____

测量时间	株高（厘米）	冠幅（厘米）	开花数量（朵）	结果数量（个）	新枝长度（厘米）	备注

巧手制作篇

按着计划，大家带着自己选好植物的栽培工作方案聚到一起，热烈地介绍自己选择植物的特点，和自己查到的资料。辛夷说："原来还真不知道植物有那么多本领，能带给我们这么多好处！就说芦荟吧，四季常青能观赏，能吸收甲醛和灰尘，净化空气，还能入药，还能做美容用品和保健品。假如不小心受刀伤或被蚊虫叮咬了，没有其他药物，还可以用芦荟的叶子切开后涂抹伤处止血止痛止痒呢。茉莉花又香又漂亮，还能熏茶叶。"

没等她说完，川贝也迫不及待地推销起他的植物来："我选的是吊兰和长寿花。两个都很漂亮自然不用说，关键是各个身怀绝技。吊兰能吸收多种有害气体，是著名的净化空气能手。长寿花与众不同之处在于可以放在卧室里养，因为它与大多数植物不同，它在夜里释放的氧气比吸收的氧气多，不跟人争夺氧气。"

杜仲介绍了他的虎尾兰能净化空气，冷水花能抗烟尘，可以美化厨房用。爬山虎选的绿萝和山茶也是集观赏和净化环境于一身。远志选的文竹和柠檬的美姿及多能也不在话下。大家怀着对自己选中植物的殷切希望开始了种植实践。不论是养护还是各项记录都非常精心，还时常交流一下经验和体会。

芦荟　　　　　茉莉　　　　　长寿花　　　　　吊兰

冷水花　　　　　虎尾兰　　　　　山茶

绿萝　　　　　柠檬　　　　　文竹

巧手制作篇

两个星期后的一天，大家又说起自己的宝贝盆栽，川贝突然摇着头感慨道："每天观察、养护、记录，这也太麻烦了，得坚持四个多月呢，多烦人呀！"杜仲说："每天都得观察，但是并不需要每天都采取养护措施和记录呀。养花是个长跑项目，急嘴可吃不了热豆腐。我每天回家放下书包就去观察我的花，要是不看还不踏实呢！这不，昨天，我的茉莉花长了两个新花苞，今天放学我背着书包就奔到阳台看它了。等你的花也长花苞了，你巴不得守在它跟前等着看它开呢！""想想看，要是自己亲手养的植物开花了，真是享受呀！"爬山虎向往地说。在同学们的感染下，川贝继续坚持细心地培植自己的花。

又过了一周，辛夷急急火火地跑来向爬山虎求救了，说她的芦荟不知道为什么变黄了许多，还有些打软，让爬山虎帮着上网查查原因，刚好显微镜也来了，他说大大喜欢养花，可以帮着问问。忙乎了半天，终于明白了，是浇水太多了。芦荟是肉质根，需要控制浇水，而辛夷爱花心切，总怕亏待了芦荟，像给茉莉一样地浇水，反而害了它。一场虚惊提示了大家，一定要按照植物的习性去养护，不能按自己的主观意愿没原则去做，要多请教有经验的人。

这之后，几个人又遇到了很多问题，不过他们都想办法解决了问题。看着花成长的快感、战胜困难的成就感、朋友齐心协力的踏实感，使他们坚持了实现自己设想的努力。

经过四个多月的努力，五名同学都顺利地参加了栽培竞赛，还取得了不同等次的奖项。欢欢喜喜抱着奖状回家，遇到川贝的妈妈，"机关枪"辛夷马上报了喜。川贝妈妈说："祝贺你们获奖！这回拿了奖可以歇歇了，不用再日复一日地浇水施肥了。"

几个同学互相看看，反而有些失落的样子，难道栽培实践就此结束了？川贝说："栽培虽然辛苦，不过看着自己养的植物一天天长大，真是很快乐很有成就感！"爬山虎说："通过查资料，我们增长了很多知识。"杜仲说："养植物不仅能美化生活，还能改善环境，净化空气。挺有意义的。"辛夷也忍不住说："有些植物有药用价值，还能解决一些生活问题呢，简直像好朋友一样。"显微镜说："通过养盆栽，咱们的耐心和细心都提高了，我现在做完题能耐心地检查了，因马虎做错的题少多了。""看来呀，想让你们停止栽培还真不好受呢！既然这么喜欢，就接着养呗！只要不影响学习就行了。"川贝妈妈说。"太好了，咱们接着养吧。"川贝抢着说。"可以增加种类，选出更多综合优势明显、适合家里养的植物，推荐给同学和邻居。"杜仲很有见地地表态了。其他人也都觉得这是个好主意，约好开始下一步活动。

他们更详细地查了资料，并按主题进行了整理。现在，他们已经开始筹备新的种植实验了。

（1）适宜家庭养植的植物

①能吸收有害气体净化空气的植物：吊兰、芦荟、菊花、万年青、雏菊、月季、蔷薇、虎尾兰、君子兰、龟背竹、常春藤、橡皮树、鹅掌柴、富贵竹、一叶兰、米兰、椒草、栀子花、仙人掌、文竹、常青藤、秋海棠。

②夜间释放氧气的植物：仙人掌、景天、虎皮兰、芦荟、龙舌兰、伽蓝菜、落地生根、菠萝、剑麻、兰花、百合等等。仙人掌科和景天科的许多植物属于此类。

③能杀菌的植物：玫瑰、桂花、紫罗兰、茉莉、柠檬、蔷薇、石竹、铃兰、紫薇等芳香花卉产生的挥发性油类具有显著的杀菌作用。

④传统名花：中国十大传统名花等。

（2）不太适合家庭养植的植物，包括有毒植物、促癌植物、有刺植物（有小孩子的家庭）、易引发过敏的植物，等等。

①常见观赏植物中的有毒植物：汁液有毒的种类，主要集中在天南星科、大戟科、夹竹桃科和石蒜科。如：变叶木、霸王鞭、猩猩草、一品红、高山积雪、麒麟、红背桂、佛肚树、红雀珊瑚、乌桕、蓖麻、山乌桕、油桐、夹竹桃、长春花、沙漠玫瑰、海芋、天南星、马蹄莲、花叶芋、花叶万年春、石蒜、水仙等。此外，毛茛科的乌头类，马鞭草科的无色梅，杜鹃花科的黄花杜鹃，豆科的含羞草、紫藤，百合科的郁金香，瑞香科芫花均有毒。这些植物虽然有毒，但是只要不误食、不使汁液涂到皮肤上或溅入眼睛里，一般不会对人体构成危害或危险，仍然可以栽培观赏。如果皮肤不慎有接触，应及时清洗，一旦发生异常情况，要迅速到医

院就诊。

②常见植物中的促癌种类有：石粟、变叶木、细叶变叶木、蜂腰榕、石山巴豆、毛果巴豆、巴豆、麒麟冠、猫眼草、泽漆、甘遂、续随子、高山积雪、铁海棠、千根草、红背桂、鸡尾木、多裂麻风树、红雀珊瑚、山乌桕、乌桕、圆叶乌桕、油桐、木油桐、火殃勒、芫花、结香、狼毒、黄芫花、了哥王、土沉香、细轴芫花、苏木、广金钱草、红芽大戟、猪殃殃、黄毛豆付柴、假连翘、射干、鸢尾、银粉背蕨、黄花铁线莲、金果榄、曼陀罗、三棱、红凤仙花、剪刀股、坚荚树、阔叶猕猴桃、海南蒌、苦杏仁、怀牛膝。（以上52种促癌植物由中国疾病预防控制中心病毒所曾毅院士研究发现。促癌与致癌不同，不直接对人体造成危害。）

③常见观赏植物中的有刺植物有：月季、仙人掌、仙人球类、玫瑰、黄刺玫、含羞草、柑橘类的许多种类，等等。

紫藤　　　　佛肚树　　　　含羞草　　　　马蹄莲

夹竹桃　　　　曼陀罗　　　　沙漠玫瑰　　　　变叶木

| 鸢尾 | 郁金香 | 海芋 | 红雀珊瑚 |

| 一品红 | 长春花 | 射干 |

| 石蒜 | 黄花夹竹桃 | 五色梅 | 紫背桂 |

（3）中国十大传统名花

① 梅花，花中魁首，雪中高士，花中四君子之一（主要产地：杭州、无锡）。

② 牡丹，花中之王（主要产地：洛阳、菏泽）。

③ 菊花，花中隐士，寒秋之魂，花中四君子之一（主要产地：北京、上海）。

④ 兰花，空谷佳人，天下第一香，花中四君子之一（主要产地：广州）。

⑤ 月季，花中皇后（主要产地：北京、常州）。

⑥ 杜鹃，花中西施（主要产地：云南、西藏）。

⑦ 山茶，花中珍品，花中妃子（主要产地：云南、浙江）。

⑧ 荷花，花中仙子，花中君子，水中芙蓉（主要产地：武汉、杭州）。

⑨ 桂花，花中仙客，金秋娇子（主要产地：江苏、湖北）。

⑩ 水仙，凌波仙子，寒冬仙女（主要产地：漳州、上海）。

梅花　　　　　牡丹　　　　　菊花

兰花　　　　　月季　　　　　杜鹃

茶花　　　　　荷花

桂花

水仙

据了解，中国的十大名花，除梅花与桂花外，其他八种：菊花、兰花、杜鹃、水仙、牡丹、芍药、月季和山茶均已被其他国家抢先取得"国际登录权"，严重阻碍了中国花卉产业进军世界市场。中国仅享有梅花国际登录权，承载中华文明的百花之王——牡丹，就已经被美国抢注了身份。

花卉的国际登录权是一种鉴别、判定花卉知识产权（发现权和培育权）的"母权"，是现代花卉园艺产业中最重要的基石之一。新发现或新培育的观赏花卉品种要经过国际园艺协会下属的"命名与登录委员会"批准，通过它的"国际登录权威"审定和履行登录手续以后方能成为国际承认的新品种，这被看作花卉的"国际身份证"。比如：若其他国家抢先获得桂花品种国际登录权，那么中国研发培育出的桂花新品种，将无权命名，只能交给享有国际登录权的国家命名后，才能得到国际花卉市场的认可。

（4）家庭养花小常识

①浇花用什么样的水好？

水按照含盐类的状况分为硬水和软水。浇花以软水为宜。在软水中又以雨水（或雪水）最为理想，因为雨水接近中性，不含矿物质，又有较多的空气，有利于促进花卉同化作用，延长栽培年限，提高观赏价值，特别是喜酸性土壤的花卉，更喜欢雨水。

如用自来水浇花，须先将其放在桶（缸）内贮存1~2天，使水中氯气挥发掉，待水温接近气温时再用，因为水温与气温相差太大（超过5℃）易伤害花卉根系。浇花不能使用含有肥皂或洗衣粉的洗衣水，及含有油污的洗碗水。

②喷水有什么作用？

喷水可以增加空气湿度，降低气温，除去植株上面的灰尘，避免嫩叶焦枯和花朵早凋。特别是一些喜阴湿的花卉，如山茶、杜鹃、兰花、栀子等，经常向叶面上喷水，对生长发育十分有利。夏季雨后骤晴或晚间闷热，应注意喷水降温防病，喷水量以喷水后不久水分便可蒸发掉为宜。幼苗和娇嫩的花卉、新上盆和尚未生根的插条需多喷水，热带兰、天南星、凤梨、观叶花卉等也需经常喷水。但有些花卉对水湿很敏感，叶面有较厚的绒毛，水落上后不易蒸发而使叶片腐烂，不宜将水喷到叶片上，例如大岩桐、蒲包花、秋海棠等。盛开的花朵，也不宜多喷水，否则容易造成花瓣霉烂或降低结果率。

③家庭如何自制有机肥？

家庭生活垃圾中，有丰富的养花肥源，可以用它自制肥料。

两种方法比较简便：

A：浸泡液肥。用小缸、小坛或广口瓶将废菜、瓜果皮、鸡和鱼的内脏、鱼鳞碎骨、蛋壳及霉变食物（花生、瓜子、豆等）放入其中，加水（有条件可洒些杀虫剂），盖严；发酵熟腐后（约需2~3月）即可使用了（如果温度高，时间可缩短）。使用时加水稀释，用作追肥。

B：废物堆肥。将上述废弃物，掺些旧培养土，加少量水，喷上杀虫剂，装入大塑料袋扎紧，或是放入有盖塑料桶内，放置一段时间后，发酵到无臭味时（约2~3月）即可直接用作基肥或追肥。

这些自制的肥料都是有机肥料，它除有肥效外，还可改良土壤，使土壤形成团粒结构,协调土壤中空气和水分的比例,有利根系的生长发育和吸收养分。

④怎样防治蚜虫?

蚜虫又名腻虫,受蚜虫侵害花木的叶片呈不规则卷曲状,枝梢、花蕾、花瓣也是蚜虫侵食的对象,并不断排泄出黏液污染植株和花朵。能够除杀蚜虫的药剂很多,在花期可喷布溴氰菊酯2000倍液,对花朵没有药害;在花木的生长季节可喷布40%氧化乐果1000倍液,效果显著。蚜虫喜欢在杂草中产卵,应随时清除盆面和花池中的杂草,杜绝蚜虫的来源。

⑤怎样消灭白粉虱?

白粉虱的飞翔能力很强,因此喷药只能杀死一部分。但是它的趋光性很强,可利用这一特点进行诱杀。先在一块较大的纸板上裱糊一层锡箔纸(可用卷烟盒内的锡纸拼凑),然后把粘机油薄薄地刷在锡纸上,将它面对阳光斜支在花盆附近,这时白粉虱就会扑向锡箔纸而粘在机油上,待粘满后把死虫擦掉,再刷上一层机油继续诱杀即可。

谜语中的药材名

● 绿林好汉

● 三九时节冷飕飕

4. 我是植物小画师——系列（1）
植物叶脉标本的制作

情景导入

　　学习了植物营养物质的制造后，同学们都对能进行光合作用的主要器官——叶，产生了浓厚的兴趣，有的去收集关于叶的成语，有的去观察各种各样的叶，这不，"小问号"川贝手里就拿着几种不同植物的叶来了。虽说都听过这样一句话"世上没有两片完全相同的树叶"，但川贝还是对手中的不同植物的叶形产生了疑问："小草的叶为什么是尖尖的？鸡爪槭的叶为什么呈掌状？杨树叶又宽又大，而米兰的叶则很小？而且将叶对着光看的话，其中的脉络有着不同的分布：小草的叶中的脉络从下到上，一根根好像铁轨一样平行，没有相互交错，而杨树、鸡爪槭的叶中就相互纠缠，像一张张渔网，这又是怎么回事呢？"

　　川贝将正在网上收集关于叶的成语的辛夷、杜仲、远志喊了过来，说明了心中的疑问。

　　心急的辛夷一听，就说开了："叶片大，有利于进行光合作用。"

　　可爱动筋的"智多星"杜仲却没有附和，他拿起这些叶片对着光认真看了看，想了想，说："叶中的这些脉络，我们学习过了，叫叶脉，是叶中的输导组织，在叶中起到了支持和输导的作用，可以支撑叶片，也可以将叶需要的水和无机盐从根向上运到叶,也可以将叶制造的有机物从上往下运到植物体的各个部分,但长的这么有特点是为什么呢?"

最爱观察的远志说话了:"世界上的植物的种类有30多万种,绿色开花植物是与我们人类生活关系最密切的,看看周围的植物,虽然叶的形状不一样,就像这儿的鸡爪槭和杨树、小草,但要细分起来,叶脉好像就是两种呀!"

辛夷一听,忙说道:"是呀是呀!你看葱、蒜、玉米的叶就是跟小草长得像。"

可这个相似中蕴含了什么样的生物学知识呢,这些小伙伴们决定要去找生物教师白芷问个明白。

白芷老师耐心地听完他们的问题,没有直接回答,而是先让他们看了一样东西,这个东西可把这几个小家伙给吸引住了,问题也不问了,缠着白老师要了起来,白老师给他们看的是一件什么东西呢?

图7-4-1

原来是一个桂花叶制成的叶脉标本(如图7-4-1),晶莹细致,巧夺天工,一下子就抓住了几个孩子的眼球。

白老师说道:"想要是吧,我们今天就来做叶脉标本,学会了做标本,你们的问题也就解决了。"

(1)实验准备:

①分组:4~6人一组。

②用具:植物叶、烧杯、碳酸钠10克、氢氧化钠15克、酒精灯、瓷

盘、软牙刷、彩色水笔墨水、培养皿、吸水纸或旧报纸等。

③活动时间：夏秋叶较成熟的季节。

④活动地点：校园或野外采摘，实验室中制作。

(2) 实验过程：

带着孩子们采集叶片的白老师给同学们讲起采集可制作叶脉标本的叶子的要求：叶片比较坚硬，叶脉粗壮坚韧，无病虫害的侵蚀。

辛夷马上就问道："为什么不能用嫩叶子？"

白老师启发式地反问了一句："你们想想，为什么不能用太嫩的叶子？"

杜仲恍然大悟道："我们要做的是叶脉，叶子太嫩，由于叶脉柔弱，不容易制作成功。"

川贝也反应过来，马上接道："叶子也不能太老，太老的叶子由于叶肉不易刷掉，也不合适。"

白老师介绍道："在我国大部，最适宜作叶脉书签的叶是桂花树的叶，其网状叶脉清晰致密，叶脉软硬合适，且叶型美观大方，制作出来的效果最好，其次是桑树、杨树的叶。在南方较为适宜的则是桉树叶。但每个同学都可以根据自己的喜好，选择不同植物的叶进行制作。下面的制作方法，主要是针对桂花树的叶而言的。"

①腐蚀：

叶子采回后，随即取一只较大的烧杯（最好为 800 毫升或 1000 毫升），里面盛水 400 毫升，再放入碳酸钠 10 克，氢氧化钠 15 克（碳酸钠可由碳酸氢钠代替，也就是我们平时家时做馒头时用的碱面，具有同样的效果）。并在酒精灯上加热至沸腾（如有条件，用电炉加热效果更好），然后将备好的叶子放入杯中。加热 10 分钟左右。在加热的过程中，用镊子将叶片轻轻摇动，使各叶片分离，腐蚀均匀。当叶片发黄、叶肉酥烂时，将叶片夹出，放在清水中冲洗片刻，然后放在盛有清水的瓷盘中，用软牙刷刷掉叶肉。叶肉全部刷除干净叶脉就露出来了。刷时手法要轻，以免将叶脉刷破。

看着煮叶片的水由清变绿，看着溶液中的叶片由绿变黄，同学们的心一阵阵高兴，恨不能一下子就把叶脉标本做出来了。

心急的辛夷拿起镊子夹起一片叶子就要刷，白老师制止了她，为什么呢？原来，本实验用到的氢氧化钠和碳酸钠都具有较强的腐蚀性，在操作过程中，一定要注意安全。以防药液溅出而伤人。另外，在用软牙刷刷掉叶肉以前，一定要将煮过的叶子用清水多冲洗几次，以免叶中的残留药液对手部皮肤造成腐蚀。一定要记住：安全第一。

将叶片泡在白瓷盘中，放一点水，用软牙刷轻轻的刷去叶肉，每个同学都小心翼翼的，生怕刷坏了。就是这样小心，可还是一个个出了问题：叶肉是刷下来了，但是一不小心，叶脉也破了个洞；眼看要大功告成了，可在叶片基部的叶肉很难刷，好不容易快好了，叶脉近主脉那儿却一下子撕破成了两半，真的是看起来容易做起来难啊！几个小伙伴有点沮丧了。看着做得又快又好的白老师，求教起来。

以下是白老师传授的独家小窍门：

一定要先刷叶的正面，刷叶肉时要用左手将叶片按紧，特别是在刷叶的边缘的时候，一定要轻巧细腻。只要叶的正面的叶肉基本去除，叶的背面只需你轻轻一抹，整个背面的叶肉就会成片地脱落，而且叶背面的一层浮脉也会随之脱落。你知道是为什么吗？能用你掌握的有关叶的知识给予一个合理的解释吗？

已刷去叶肉的叶脉标本，可用清水多冲洗几次，将其上的一些残留的叶肉全部冲洗掉。对于叶肉比较薄的叶片，则不适宜用腐蚀法，而要采用水浸法。采集叶脉粗壮、坚韧而致密的树叶，浸在玻璃缸内的水里，放在温暖处，使水里细菌繁殖，利用水里的细菌将叶片的柔软部分逐渐分解腐烂掉，当浸液发出臭味时，要及时换水。经过一段时间，当叶片柔软部分完全腐烂以后，可以用软牙刷，在水里把柔软部分刷去，使叶脉完全露出。

做好的叶脉近似于黄白色，是一种很漂亮的颜色，但在做标本的过程中，我们还要给它进行漂白和染色。

②漂白：

将叶肉刷去洗净的叶脉标本，放入29%双氧水中浸泡半小时，等到叶脉变白近于透明后捞出，用清水洗净。或者我们就用家中用的"84消毒液"浸泡，也能起到同样的作用。

③染色：

为使标本清晰，明显，可对标本进行染色（如图7-4-2）。

怎么染呢？几个小伙伴又有了新问题：用广告色？不行，颗粒太粗，会使叶脉的精巧细致打上大大的折扣；用水彩笔涂抹，太慢。

图7-4-2

最后决定用以下两种方法：

一种是可用一只毛笔，用水将笔头浸湿，再用毛笔尖蘸些透明水彩在叶脉上涂匀；另一种是将彩色水笔墨水置于培养皿中，将叶脉标本放入墨水中浸染。

④整理：

将染色后的叶脉放在一张吸水性强的纸上铺开，上面用一块玻璃压平，晾干后即成叶脉标本。若在着色的叶脉标本上系一根彩色丝带，即成叶脉书签。叶脉书签如作标本可放在标本盒中保存。

（3）汇报成果

①分工（建议每项工作由2位同学负责，每位同学负责2项工作，空格留给同学们补充想到的其他任务）。

任务	负责人
实验准备、采集	
实验配制药液	
制作中的注意事项	
标本展示	
其他：	

②同学们可能提出哪些问题需要我们解答？

③汇报结束后，我们能够解决实验前的问题了吗？绿色开花植物叶脉的种类有：_____。其中，叶是植物分类的依据之一，并通过叶脉的不同类型，了解单双子叶植物的不同。

不同的植物，在植物的外形上有很大的区别，鉴别植物的类型，花、果实、种子的结构是重要的依据。但大千世界，30多万种植物也有着千丝万缕的联系。其中，叶脉的类型是区别被子植物中单、双子叶植物的一个重要依据：双子叶植物的叶脉一般为网状叶脉；而单子叶植物的叶脉则为平行叶脉。但从叶的表面，要清晰地区分叶脉的类型是有一定的难度的。制作叶脉书签，用来观察叶脉的生长分布情况，比较不同植物的叶脉，比用刚从植物体上摘下的叶进行观察要清楚得多。

除了叶脉类型的不同，你还知道单双子叶植物在哪些方面存在明显的区别？

谜语中的药材名
- 二十一天不下雨
- 五百千米一片明

5. 我是植物小画师——系列（2）叶脉画

情景导入

制作好的叶脉书签让生物课外兴趣小组的同学们大大地出了一回风头，班里的同学们见了漂亮的叶脉书签个个爱不释手，不断地向他们讨教制作方法，"智多星"也乐得当了一回小先生，心里那个美啊，甭提多兴奋了。但同学们都能做出好看的叶脉标本了，他们在兴奋的同时，也有一点点失落。这不，"小问号"川贝、"机关枪"辛夷、"智多星"杜仲、"显微镜"远志又凑到一起，你一句我一句了。

小问号："叶脉标本好是好，我爸爸妈妈都喜欢，但同学们都会做了，我们是不是得再做点什么文章？"

辛夷也接了一句："是啊，玩中学，学中玩，我们是不是也得玩出个名堂来？"

"智多星"杜仲没有说话，眼睛却看着班里挂的几幅图画发呆，"显微镜"远志顺着他的目光望去，两人对视了一下，心有灵犀的同时说道："对，就这么玩！"

他们想到了什么好玩的法子了？

原来，他们是要在叶脉书签上做一些艺术加工，在自然界巧夺开工的

基础上，创作出一幅幅图画，那一定是世界上独一无二的艺术品。说干就干，几个小伙伴去找适宜做叶脉画的材料去了。

（1）寻找材料

用具：制作好的各色叶脉书签；各种材质的粘贴材料：毛线、彩纸、锡箔纸及你认为可以利用的材料（只有想不到，没有做不到）；封塑薄膜。

（2）活动过程

①制作：先根据叶脉的形状构思好构图，并选择对比度的色彩进行创作。然后进行编织、剪裁，并将其按照构思有层次地粘贴在叶脉上，进行整理，最好是将正反两面都进行同样的粘贴。

②平整、干燥：将制作好的叶脉画放在玻璃板下进行压制，以免因胶水粘贴而使薄薄的叶脉发生卷曲，待干燥后夹入5寸（1寸≈3.3厘米）或7寸封塑的薄膜中，通过170～180℃进行封闭，就成为一幅美丽的、世界上独一无二的属于你的叶脉画，将它夹入你的书中或放置于玻璃板下，贴在房间的墙壁上，都会吸引别人的目光，而且也会给你很大的成功感，想不想试一试呢？

谜语中的药材名

● 中秋佳节发书信

● 百岁老人鬓如霜

6. 我是植物小画师——系列（3）
植物凝成的图画

情景导入

"你去过植物园吗？你走进过大森林吗？你有没有过在路边行走的时候，忽然看到一种不知名的小草在风中摇曳生姿，悄悄绽放的美丽花朵而心中一震，感受到生命的美好？大自然中有近30多万种植物，高大的乔木、低矮的灌木、美丽的花草，呈现给我们一幅幅优美的画面，春华秋实，红花绿叶，给了我们多少惊喜，赋予我们多少美感。……"

"机关枪"辛夷一边走，一边摇头晃脑地朗读着。参加了生物兴趣小组后，对大自然的感觉是越来越亲切了，看着一草一木都觉得亲切。

"小问号"川贝在旁边发问了："是啊，如果我在野外游玩的时候，发现了一种很美的植物，我又不认识，那怎么办？"

这个问题一提出来，几个小伙伴就喳喳开了。

"那还用说，用相机拍下来，回来问白老师呗。""机关枪"辛夷不假思索地回答道。

"显微镜"远志接话了："认真观察，将这种植物的主要特征用笔记录下来，再配上照片应该可以了，回来我们再问老师或查植物志。"

那边"智多星"杜仲却没接话。参加生物课外兴趣小组后，他思考问题的深度明显有了提升，照个照片、记录特征就行了吗？有没有更好的办法，既能让我们认识更多的生物，又能让更多的同学也获得知识呢？他提出了自己的疑问，几个小伙伴也陷入了深思。百思不得其解的情况下，他们决定去找白芷老师。

到了办公室，还没说话，就看到白老师一副要出门的打扮，身上背了个小铁箱，手里拎着两块木板条钉成的夹子，里面还夹了很多旧报纸。听了小伙伴的疑问后，白老师笑了，卖了个关子："这个问题，我就不回答了，明天是星期六，跟我一起出趟门吧，我们去植物园。"

原来，白老师正想带我们生物课外兴趣小组的同学到野外采集标本，并教给我们制作植物蜡叶标本的方法呢！

（1）实验准备

采集标本的主要用具：

①采集箱：是用作暂时存放标本的容器，它具有保湿作用。采集箱生物实验室就有，是用白铁皮制成的40厘米×20厘米×10厘米的椭圆形筒状箱，也可用70厘米×50厘米的塑料袋。

②标本夹：是用来压制标本的工具，通常是用要板条钉成，长43厘米、宽30厘米，每套共2扇，并系以背带和小绳。

③吸水纸：吸水性好的旧报纸或草纸，尺寸比标本夹略小。

④采集用的小工具：枝剪、小铲、小刀等。

⑤其他用品：铅笔、放大镜、号码牌、记录册等。

"哇，要这么多啊！"小辛夷说道。

"那是不是我们每一次出去都要带齐这些工具啊？""小问号"川贝真的是名不虚传。

"当然,并不是每一次想制作标本的时候都要这样全副武装,如果是在日常游玩的过程中想采集植物做植物标本的话,常备一本8开本的书是非常合适的。即可充当标本箱,也可充当标本夹。"白芷老师在旁边解答了同学们的疑问。

"这就行了吗?""智多星"和"显微镜"显然还不满足。

"当然,我们要提前做好采集前的准备工作:应根据需要,有目的、有针对性地制定采集计划,并确定采集地点和时间,准备好采集工具。还有,要注意采集时间,春季、夏季或秋季均可。应尽量避免夏季晴天的中午和中午前后,那时蒸腾作用过于旺盛,植物的枝叶会很快萎蔫。雨天或者天气过于潮湿的时候也应尽量避免,因植物含水量较多,不易采集和干燥。"白芷老师答道。

(2)采集过程和方法

在植物园中,小伙伴在白老师的带领下,高高兴兴地采集植物标本,一边采一边听白老师讲采集注意事项:

①采集标本时,应选择开花的植物,最好连果实一起采。草本植物或矮小的植物必须连根采集,抖落根上的土粒,得到完整的植株。高大的植物不能取得完整的植株,采集时一定要注意选取一段有花、果的带叶枝。

②标本的临时处理:采集的标本,应做临时处理,首先,把采得的标本系上号码牌,并作相应的野外记录。草本植物应立即压入标本夹中,以免叶皱缩,较高大的标本,可折成"N"形或"V"形压入标本夹。

同一标本一般应采2~3份,给以同一编号。

植物标本野外记录签	
采集人_____ 编号_____	
采集时间_____年___月___日	
采集地点_____ 习性_____	
高度_____ 胸径_____	
根_____ 树皮_____	
叶_____ 花_____	
果_____ 土名_____	
科名_____ 学名_____	
用途_____	

（3）制作方法

采集回来，就进入了制作过程，白老师和同学们一起按照下列步骤进行着有条不紊的操作：

①整理：把采集来的标本，用刷子或纱布擦掉上面的污物，使标本具有一定的清洁度，并去掉残破的叶。适当疏掉一些过密的枝条、花和叶。

②压制：将修整好的标本放在吸水纸上摆好，使它存在显示植物的自然状态，避免花、叶的重叠。另外每件标本应有一个或几个叶背面朝上，以便观察叶的背面。标本放好后，上面放几层吸水纸（或旧报纸），然后再放另一件标本。这样一层一层加上去，达到一定的厚度时，就可放在标本夹内夹紧。

③干燥：标本夹放在温度较高而且通风的地方，使标本迅速干燥，标本夹内的吸水纸要经常更换，更换时可对标本进行进一步的整理。直到标本干燥为止。

④消毒：标本压干燥后，从标本夹中取出，须经砷汞消毒。

⑤装帧：将已消毒的标本放在27厘米×39厘米的台纸上摆好位置，然后用线或结实的纸条将制作好的标本固定在台纸上，在台纸的右下角贴上标签，注明编号、植物名称、学名、采集时间、日期、采集人、采集地点等。

植物标本签
采集号_____ 　登记号_____
科名_____
学名_____
中文名_____ 　俗名_____
产地_____
采集者_____ 　鉴定者_____
采集日期_____

一边听白老师讲，一边做的小伙伴们又说开了："这样做一件标本，起码要好几天，甚至上十天，太慢了，有没有快一点的方法呢？"

（4）寻找快速制作标本的新方法

21世纪是一个讲求效益的时代，也是新工具不断诞生的时代。上述标本的传统制法，仅制作到装帧这一步的准备过程就需十天左右，而且在此过程中，需要每隔一到两天，就要将标本夹中的标本进行换纸和整理，这个过程需要的不仅是时间，还有细致和耐心，很多同学喜爱标本而不愿意亲手去做，大多是受制于这个过程。那么，如何做才能让做标本的过程既轻松愉快，又能做出自己满意的植物标本呢？

白老师请同学们自己去思考这个问题，并找到解决问题的方案。

几个同学将制作过程进行了分解，制成了下表：

制件过程	所需时间
整理	
压制	
干燥	
消毒	
装帧	

看一看，哪个过程是耗时最多的过程？要缩短制作时间，该如何从这个过程下手？

讨论记录表（请同学们在下面写出你们的看法）。

讨论总结：

①最消耗时间的过程是_____，它历时大约_____天。

②缩短这一过程的有效方法是加快干燥速度。方法有：

● 将标本夹放在通风、有阳光的地方进行曝晒；勤换纸、勤翻动。

● 将标本夹放在温度高的地方，比如说锅炉房内。

● 将标本放在吸水纸中，用电熨斗定温在140℃左右进行熨烫。

参考白老师提供的方法：

采集好的标本经整理后，放置于两张吸水纸之间，并用两块家庭装修时用的地板砖夹好，放置于家用微波炉中，可用高火，视标本大小和含水量高低定微波时间，一般为1～3分钟，取出凉透后标本既干燥又保持青翠的色彩，同时起到了消毒的作用。

绿色植物在自然界中占据着重要的地位。在生物圈中，绿色植物是生态系统的生产者，它能通过光合作用将自然界中的二氧化碳和水转变为有

机物，并释放出氧气，并将太阳的光能转变成化学能储存在有机物中。正是因为有了光合作用，整个生物圈中的其他生物才有了物质、能量和氧气的来源。自然界中的植物依据其特点分为四大类：藻类植物、苔藓植物、蕨类植物、种子植物。其中，种子植物又根据植物种子外有无果皮的包被，分成两个大的种类：裸子植物和被子植物。我们这里介绍的植物标本的制作，主要指的是蕨类植物和种子植物标本的制作，而藻类植物和苔藓植物因为其生活环境和植物体的特点，有其独特的制作标本的方法。如果你有兴趣，就去找一找它们的制作方法吧。

谜语中的药材名

- 卷我屋上三重茅
- 果在刺中央，秋来满山冈，核仁是良药，安神作用强。

7. 乳酸菌的功劳——泡菜制作

情景导入

生物科技小组活动之前，同学在一起，川贝说："最近天气热，特别没食欲，要是有泡菜吃多好啊！""泡菜！你们家没泡菜？"杜仲问。"嗨，妈妈出差了，原来做的吃完了。"川贝叹了口气说。"要不我们自己做做看吧？平时我见过妈妈做，应该不难做吧？"同学正说着白芷老师走了进来。"老师，川贝要自己做泡菜。"

图7-7-1 泡菜坛

"做泡菜可以用自己喜欢吃的任何应季蔬菜，没有固定的种类。"老师说。辛夷问："老师，泡菜是酸的，是我们学过的乳酸菌的作用吧？""对，乳酸菌在无氧环境下会产生乳酸，所以，做泡菜的时候一定要提供无氧环境。"川贝说："我怎么不记得妈妈做泡菜的时候加了乳酸菌呢？需要专门去买乳酸菌吗？"白芷老师回答说："你观察的很好，做泡菜不用专门加乳酸菌。蔬菜表面就有。"

边玩边学

（1）用具、材料：泡菜坛、新鲜蔬菜、蒜瓣、生姜等香辛料和盐、清水等。

(2) 步骤：

①将泡菜坛洗净。

②按照清水与盐的质量比为 40∶1 的比例配制盐水，将盐水煮沸冷却。

③装坛：应季蔬菜洗净、晾干（表面的水）、切成合适的大小；装坛至坛内容积一半时，放入蒜瓣、生姜等其他香辛料，继续装入蔬菜至八成满。

④徐徐注入配制好的盐水，盐水要浸没全部菜料。

⑤盖好坛盖，向坛盖边沿的水槽中注满水；封口发酵。

听老师讲

(1) 泡菜制作的前些天，随乳酸菌发酵过程泡菜中的亚硝酸盐含量逐渐增加；但是 10 天后，亚硝酸盐的含量开始下降。所以泡菜要在腌制的 2 周左右食用。亚硝酸盐含量低到一定程度（《GB 5749－2006 生活饮用水卫生标准》硝酸盐以 N 计≤10 毫克/升）不会危害人体健康。但是如果人体一次性摄入 0.3～0.5 克以上的亚硝酸盐时，会引起亚硝酸中毒。

(2) 泡菜腌制的时候要控制时间和温度、食盐的用量。温度过高、食盐用量不足、腌制时间过短，容易造成细菌的大量繁殖。

(3) 选择泡菜坛的时候要选择火候好、无裂纹、无砂眼、坛沿深、盖子吻合好的坛子。不合格的泡菜坛容易引起蔬菜腐烂。

谜语中的药材名

● 峨嵋第一峰

● 龙王跨下驹

8. 健康食品我来做——系列（1）奶酪的制作

情景导入

川贝、辛夷、杜仲和远志都很喜欢吃奶酪，可是买现成的奶制品，总觉得不放心。听说辛夷妈妈会做奶酪，四个人高兴坏了，大家一致同意去向辛夷妈妈学习如何做健康食品奶酪。杜仲甚至想学会后，自己也开个奶酪店。学做奶酪之前，四个人还提前做了一个小功课，让我们先看看他们的成果吧：

牛奶是日常生活中的一种常见的食品，它含有丰富的蛋白质、脂肪、维生素和磷、钙等微量元素，这些营养成分对于我们的生长发育有重要作用。我们常常靠饮用牛奶来充饥和补充营养。早期生活在草原上游牧民族将一时喝不完的鲜牛奶存放在牛皮背囊中，但往往几天后牛奶就会发酵而变酸。后来他们发现，这种变酸了的牛奶在凉爽湿润的气候下经过数日，会结成块状，而变成一种极好吃的东西，这便是奶酪一种纯天然的食品。奶酪是具有极高营养价值的乳制品，每千克奶酪都是由10千克的牛奶浓缩而成。

可是，大家还有问题没解决，在制作奶酪的过程中，牛奶到底发生了什么变化？于是四人决定向白芷老师请教。老师说：

"将牛奶制成奶酪可以保存很长一段时间，数月甚至数年之久。牛奶制奶酪不是一个简单的牛奶浓缩过程，由牛奶到奶酪有着一系列的复杂变

化；正是这一变化奶酪才有了其特殊的美味。奶酪制作是一个耗时而复杂的过程，利用细菌、酶和天然酸使牛奶中的蛋白质和脂肪变化凝固。奶酪制作的过程中，发生了如下变化：

首先，将牛奶与乳酸菌和凝乳酶素混合。乳酸菌会将牛奶中的糖类（乳糖）转化成乳酸。凝乳酶素含有可以改变牛奶中蛋白质的酶。具体来说，凝乳酶素含有蛋白原酶——一种能将牛奶中叫做酪蛋白原的蛋白质转化成不溶于水的酪蛋白。酪蛋白以凝胶形式析出，也就是我们看到的凝乳。酪蛋白凝胶还带走了牛奶中的大部分脂肪和钙。因此，乳酸和凝乳酶素使牛奶凝固，使其分成凝乳（乳固体、脂肪和蛋白质等）和乳清（大部分成分为水）两部分。

随后将凝乳加压以使奶酪成型。在奶酪成熟期间，酶和细菌会继续发挥作用，改变奶酪中的蛋白质、脂肪和糖分。还有一些特殊菌种会使剩余乳糖发酵，这样奶酪上就产生了二氧化碳气泡。因此在奶酪制作过程中我们要注意防止杂菌污染。"

带着这些关于奶酪的知识，四个人开始向辛夷的妈妈学习如何在家庭中制作奶酪。首先，辛夷妈妈让大家作了一些准备工作。

（1）材料和用具：牛奶、发酵剂、凝乳酶、医用酒精、食盐、电饭锅、纱布、温度计、橡胶手套、重物、带孔的模具、金属勺、盆。

（2）步骤：

①温热牛奶：牛奶放入电饭锅，隔水缓慢加热到32℃。加入用牛奶融化的发酵剂，搅拌5分钟，充分均匀。静置一个半小时，再加入用纯净水溶解的凝乳酶，加温到40℃，再静置30分钟。

②切割凝乳：牛奶经过发酵剂的发酵产酸、凝乳酶的凝结作用，已经成块。将凝乳切割成 2 厘米见方的凝块，置放 10 分钟。

③凝乳搅拌加温：静置 10 分钟后，用勺背朝一个方向轻轻搅拌 10 分钟，使半透明的乳清迅速排出。将锅内乳清舀出 1/3，随后一边添加热水一边搅拌。在 5 分钟内将温度上升到 40℃，置放 20 分钟，再次搅拌，直到粉碎。

④加压：把这些凝乳碎块，放到纱布中过滤，并且轻轻挤压，排除乳清。凝乳连带纱布，放入盆中，上面压一块干净的重物。静置 30 分钟，等待乳块进一步发酵。

⑤成型：取出变硬的凝乳块，切割成 3~4 厘米的长方形，一起放入带孔的模具（为了方便继续排出乳清）。上方套入一个小的同形模具，放上石块继续加压 1 小时。

⑥加盐：取出凝乳块，正反倒置后重新包裹加压 6~8 小时。在取出凝乳表面喷雾一些医用酒精消毒，然后在乳块表面洒上食盐，这样可以防止杂菌。

⑦成熟干燥：将奶酪常温下（25℃）干燥 3 天，再用酒精喷洒消毒，继续存放 3~4 天，并将奶酪完全密封，存放在 5℃冰箱内 2~3 周，等待最后成熟。

（3）温馨提示：

①制作奶源：使用低温杀菌的牛奶作为原料。

②消毒环节：在制造过程中，有害微生物总是出现在你意想不到的地方。或者成熟奶酪的时候让你功败垂成，或者滋生有害的霉菌斑（添加霉菌方式的奶酪不计在内），被污染的奶酪不能食用，所以制造奶酪的工具，一定要力所能及的范围内消毒。由于双手也有很多细菌，建议戴上消毒的橡胶手套（一次性手套）。

③温度控制：不要小看温度的控制，很多制作奶酪必需的乳酸菌，其发酵温度都有相应的温度范围，例如，奶酪中嗜热链球菌属于高温发酵菌种，在加热牛奶的过程中，低于发酵温度，就会出现产酸不足。

注意：不时用温度计测量温度；牛奶不要直接加热，要隔水加热。

④发酵剂和凝乳酶：先将发酵剂放入少量预热牛奶中"完全"溶化。凝乳酶需要用纯净水摇匀溶化使用。

谜语中的药材名

● 皇帝身上袍

● 万物齐眠梦中幽

9. 健康食品我来做——系列（2）米酒的制作

情景导入

放学了，辛夷兴冲冲地对大家说："去我们家吧，阿姨昨天做了米酒，给我家送了一些，又甜又解渴。"

川贝犹豫了一下："喝酒啊，对身体没好处吧？"

远志说："这你就不知道了吧。米酒的酒精度数特别低，跟饮料差不多。而且我听说喝米酒还有很多好处呢。增进食欲、有助消化拉，健脾开胃拉、舒筋活血拉等等。只不过不要喝得太多就是了。"

杜仲笑着说："说的自己跟老中医似的。这米酒这么好，不知道好不好做。要是我们自己也能做，就能随时做了吃了，那该多好。"

辛夷说："我听说不难做，就是用冷米饭跟酒曲混合在一起发酵。"

川贝问题还是不少："奇怪了，发酵要用微生物，那能吃吗？而且是米饭做的，怎么发酵之后就有了米饭所没有的作用了，没听说米饭能舒筋活血、健脾开胃啊。咱们还是找找白老师问问清楚再去喝吧。"

白老师认真听了他们的话，说："你们说的都没错。米酒简单地说确实是冷米饭跟酒曲一起混合发酵成的。酒曲又叫酒药，主要是指根霉，还有少量的毛霉和酵母。发酵过程中，米饭的化学成分以及物理状态都发生了很大的变化。中医也确实认为米酒有健脾开胃、舒筋活血等作用，这个原因我们得从米饭的成分开始说起。咱们都知道米饭里都有哪些营养成

巧手制作篇

分呢?"

辛夷抢答:"主要是淀粉,还有蛋白质和脂类、维生素之类的。"

白老师说:"对,其中的淀粉转化为小分子的糖类,蛋白部分分解成氨基酸和肽,脂类的变化还有维生素和矿物资等结合状态的变化都为它的营养功能的提高产生了有效的促进作用。它的营养功能也正是基于这种化学和物理变化而产生的。所以说为什么米饭没有的功能米酒却有了。而且,在发酵的过程中产生的一些风味物质对于它的口味也有很大的提高,所以很多人都愿意喝米酒。"

杜仲说:"既然这样,那我们自己做米酒吧,应该很好做才对。"

(1) 材料用具:蒸笼、盆、纱布、沙锅、棉被或保温箱、酒药、糯米或黄米等。

(2) 实践步骤:

①浸泡糯米(江米)或黄米(黍):洗净所用用具,将糯米或黄米淘洗干净;将米浸泡12小时待用,待米粒呈白(黄)色透明,用手能捏成粉末状时备用。

②蒸煮糯米或黄米:在每层蒸笼里铺好纱布,再平铺上一薄层米粒高温蒸煮30分钟左右;蒸煮好的米饭不应该夹生或有硬心。①

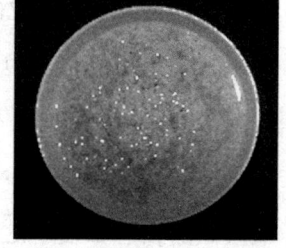

图 7-9-1 米酒

将米饭倒入盆内,用冷水浸泡,使其迅速冷却至40℃以下。然后把水

---

①蒸煮好的米饭必须冷却后才能与酒药混合,否则高温杀灭微生物,发酵会失败;发酵温度要适宜,过低发酵不充分,可能会发酸,温度过高会杀灭酒药中的微生物。

沥干，将饭粒分散地摊开。

③米与酒药混合：按照市售的酒药用量说明书，将适量的酒药粉碎；将米饭倒入沙锅里，把粉碎的酒药与米饭均匀地搅和在一起；在米饭中央拍出一个几乎见底的圆坑，在其表面上再撒上一点酒药，盖上沙锅的盖子。

④发酵：把沙锅用棉被包裹，或放在恒温箱内保温，使温度保持在30℃左右；24～36小时后，若米饭表面长出许多绒毛，闻到酒香，说明米酒酿制成功。

读者参与

（1）酒药对酿制米酒起什么作用？为什么要与米饭混合均匀？

（2）如果酿制米酒的时间拖长，味道会发生变化吗？

（3）根据你的经验，说出酿米酒过程中应注意哪些问题？

谜语中的药材名

● 出类拔萃

● 石头生苔

谜　底

一、植物篇

1. 知其名识其树——看名称识植物

药铺关张——没药（没有药可卖了，药铺自然要关张。）

名郎中勿医相思病——没药（没有药可以治疗相思病。）

没药（读做 mò yào）为橄榄科植物没药树或爱伦堡没药树的胶树脂。

功效：散血去瘀，消肿定痛。

2. 快来数一数——社区植物大调查

三十除以五——商陆（lù）（30÷5＝6，"陆"有两个读音 lù、liù。）

商陆，别名牛萝卜，商陆科，商陆属多年生宿根草本植物，生于路旁疏林下，或栽培于庭园。根入药味苦，性寒，有毒。

功效：逐水消肿，通利二便，解毒散结的功能。

举国同庆——合欢（举国同庆即大家一起欢庆。）

合欢，别名夜合树、绒花树、鸟绒树。豆科植物合欢的花序。夏季花开放时择晴天采收，及时晒干。

功效：解郁安神。

3. **校园处处皆有诗——认识我们的校园植物**

   百两银子买张皮——桂皮（百两白银子仅买一张皮子，这个皮子实在太贵了。）

   桂皮为樟科植物肉桂的树皮。多于秋季剥取栽培5～10年的树皮和枝皮，晒干或阴干。

   功效：补火助阳，引火归源，散寒止痛，活血通经。

   牧童——牵牛子（牧童放牧（牵牛）的小孩。）

   牵牛子为旋花科植物圆叶牵牛的种子。

   功效：泻水通便，消痰涤饮，杀虫攻积。

4. **"离开妈妈走天涯"——植物的种子是怎样传播的**

   九九归———百合（九九归一就到了一百。）

   百合为百合科植物百合、细叶百合、麝香百合及其同属多种植物鳞茎的鳞叶。

   功效：润肺止咳，清心安神。

   穿群而过——贯众（贯为贯穿、穿过，从很多人中贯穿过去。）

   贯众为叉蕨科多年生草本植物粗茎鳞毛蕨的根茎。秋季采挖，晒干。

   功效：清热解毒，止血，杀虫。

5. **柳哨悠悠唱春天——植物木质茎的结构**

   月中神树——桂枝（中国古老的传说中，月亮上有一棵桂花树。月中的神树一定是桂树，谜面解为桂枝。）

   桂枝为樟科植物肉桂干燥的嫩枝。春、夏两季采收，除去叶，晒干，或切片晒干。

   功能：发汗解肌，温通经脉，助阳化气，平冲降气。

   红色顾问——丹参（shēn）（红色即为丹，顾问即为参谋，合在一起即为丹参。）

   丹参为唇形科多年生草本植物丹参的根。

   功效：活血祛瘀，凉血消痈，除烦安神。

6. **两个细胞看管的门——叶片上的气孔**

   五月十五——半夏（农历一、二、三月为春季，四、五、六月为夏季，五月十五正是夏季过了一半。)

中药半夏为天南星科多年生草本植物半夏的块茎。

功效：燥湿祛痰，降逆止呕，消痞散结。

苦熬三九——忍冬（三九天是冬季最寒冷的日子，苦熬三九一定要忍受冬天寒冷。）

7. 它叫死不了——晒不干的马齿苋

浪费钱财——金银花（浪费为花了，金银是钱财。）

冰山雪莲——忍冬花

忍冬花是金银花的别名之一，又名双花、银花，为忍冬科多年生缠绕性木质藤本植物忍冬的花蕾。夏初当花蕾含苞未放时采摘，晾晒或阴干，生用或炒用。

功效：清热解毒、疏散风热、凉血止痢。

8. 大力士的风采——种子萌发

剧院灯熄——台乌（剧场内的灯全熄了，舞台也便暗（乌）了。）

黑色丸子——乌药（黑色为乌，丸子中药丸子；乌药。）

台乌为樟科山鸡椒属植物乌药的干燥块根。乌药以产在浙江天台山的最为地道，所以叫台乌药。

功效：行寒凝气滞，又能温肾散寒。

9. 装满水的瓶子冒出了氧气——光合作用产生氧气

人工育珠——附子（人工养育珍珠时，要向珍珠蚌中移入内核，故谜面解为附子。）

附子是毛茛科植物乌头的子根。

功效：回阳救逆，补火助阳，散寒止痛。

黑龙江——川乌（黑为乌，江为川，故谜底为川乌。）

四川产的乌头称川乌；乌头来源于毛茛科乌头属植物的块根。

功效：除寒湿，散风邪，通经，止痛。

10. 走丢的水——植物的蒸腾作用

警惕家人——防己（fáng yǐ）（警惕是要加强防范；家人，自己家中的人。）

防己为防已科植物粉防已的块根。

功效：利水消肿，补气健脾，祛风止痛。

机构繁多——百部（机构又称部门，机构多即是部门多。）

百部为百部科植物直立百部的干燥块根。春、秋二季采挖，除去须根，洗净，置沸水中略烫或蒸至无白心，取出，晒干。

功效：润肺下气止咳，杀虫。

11. 浸泡在液体中的蔬菜变轻了——细胞吸水与失水

穿林而过——木通（从树林中穿过，可以在树间穿过，也可能把木头打通。）

空心树——木通（空心的树中间已经通了。）

木通为木通科植物三叶木通的木质茎藤。

功效：泻火行水，通血脉。

12. 你一定要向地下钻——根生长的向地性

大雪纷飞——天花粉（雪，雪花，大雪铺天盖地地下着。）

天花粉为葫芦科多年生草质藤本植物栝萎和双边栝萎的块根。味甘，微苦，性微寒。

骨科医生——续断（骨科医生经常要为人接骨，将断的骨续接上。）

续断为植物续断的根，产于四川的为川断。

13. 原来你我一样——青蒜与蒜黄

演讲技巧——白术（zhú）（演讲者要不停地说，天津人将不停地说叫白呼；技巧为术。）

白术为植物菊科白术的根状茎。

天府之宝——川贝（人称四川为天府之国，宝——宝贝。）

川贝为百合科贝母属多种植物的鳞茎。

14. 苹果坏了吗——削后的苹果为什么会变色

珍珠蚌——贝母（珍珠蚌是人工培养珍珠的主要贝类，珍珠是宝贝，珍珠蚌是用来培育珍珠的。）

中药贝母为百合科植物卷叶贝母、乌花贝母或棱砂贝母等的鳞茎。

打开信来半字无——白芷（信纸上一个字也没有，那就是白纸一张。）

中药白芷为伞形科多年生草本植物白芷的根。性味辛、温，入肺、脾、胃三经。

15. 我是小小魔术师——涩柿子变甜的秘密

皇帝送客——王不留行（皇帝帝王，送客自然不留客。）

中药王不留行为石竹科植物麦蓝菜的种子。

酸咸苦甘辛——五味子（人体能感受的五种味道聚集到一起，五味俱全，故谜底为五味子。）

中药五味子为木兰科植物五味子的果实。唐《新修本草》载"五味皮肉甘酸，核中辛苦，都有咸味"，故有五味子之名。

16. "地球清洁工"——能够净化污水的植物

他乡异国——生地（他乡异国一定是陌生的土地。故谜底为生地。）

初入其境——生地

中药生地与熟地都是来源于玄参科植物地黄的干燥根茎。如果将其晒干就成了生地，而将生地以酒、砂仁、陈皮为辅料，经反复蒸晒，使地黄内外色黑、油润、质地柔软黏腻就成了熟地。生地味甘、苦寒。

二、动物篇

1. "闻其声，知其鸟"——听鸟鸣，辨鸟

如来的巴掌——佛手

中药佛手为芸香科植物佛手的果实。秋季果实尚未变黄或刚变黄时采收，切成薄片。

吴刚的后代——天仙子（吴刚为中国古代传说中的居住于月亮上的神仙，他的后代即为天仙子。）

中药天仙子为茄科植物莨菪的干燥成熟种子。夏、秋间果皮变黄色时,采摘果实,曝晒,打下种子,筛去果皮、枝梗,晒干。

2. 脚印印章——动物足迹的收集与动物资源调查

老寿星——千年健（见）

十个世纪才见面——千年见（一个世纪是一百年,十个世纪一千年。）

中药千年健又名千年见,为天南星科多年生草本千年健的干燥根茎。春秋季采挖,晒干,切片,生用。

功效与主治:祛风湿,强筋骨,止痹痛。用于风湿痹痛,筋骨无力。

3. "我认识你"——了解鸟类的生态类群

胸中荷花——穿心莲（一见喜）（荷花又名莲,胸中荷花即穿心莲。）

中药一见喜为爵床科植物穿心莲干燥地上部分。秋初茎叶茂盛时采割,晒干。

交际广泛——路路通

中药路路通为金缕梅科植物枫香树的干燥成熟果序,多系野生。

4. "鱼儿出水"—体温与代谢

一笔御寒费——款冬花（一笔御寒费,这笔钱款是冬天花的,故谜底为款冬花。）

中药款冬花是款冬属菊科款冬属植物款冬的花蕾,其性温,味辛,

千年狐裘——陈皮

陈皮又名橘皮、贵老、黄橘皮、红皮。

5. 鱼儿,鱼儿快快游——鱼是靠什么游泳的

白首话当年——白前（话当年,说以前的事。）

有言在先——白前（说话又可以理解为"白呼",有言在先即为白前了。）

中药白前为双子叶植物药萝藦科植物柳叶白前或芫花叶白前的干燥根及根茎。

6. 垃圾的生物处理器——用蚯蚓处理有机废弃物

自己在人间——独活（只有一个活着。）

人皆死吾自生——独活

中药独活为伞形科植物重齿毛当归、毛当归、兴安白芷、紫茎独活、牛尾独活、软毛独活以及五加科植物食用楤木等的根及根茎。

7. 腰斩等同生殖——蚯蚓的再生

想念儿子——相思子，亦称"红豆"。

中药相思子为双子叶植物豆科植物相思子的种子。种子有毒，用为呕吐、杀虫药；叶能利尿、治气管炎；根清暑解表，做凉茶配料。

云雾蔽日——锁阳（云雾将太阳遮蔽住了，即为锁阳。）

中药锁阳为锁阳科植物锁阳的全草。

三、人体篇

1. 间断与连续的转变——动脉血管的结构特点

谋士难当——苦参（难当的参谋一定是个苦差事，故谜底为苦参。）

中药苦参为豆科植物苦参干燥的根。

西湖秋黄——杭菊（西湖在杭州，黄为山茱萸，秋黄指菊。）

杭菊是菊花茶的主要原料，自古以来即为药用植物，经济价值高。采收盛开的花朵，经烘焙后可作香料、药用，冲泡菊花茶能当养生保健饮料；除此之外，也为观花植物。

2. 四肢上无数的定向"阀门"——四肢静脉瓣

晴空夜珠——满天星（晴朗的夜空，天上挂满了繁星，故谜底为满天星。）

中药满天星为伞形科植物天胡荽的全草。

长生不老——万年青

中药万年青为百合科植物万年青的根及根茎。

四、微生物篇

1. 蘑菇落下的"花"——蘑菇的孢子印

老娘获利——益母草

益母草，又名野麻、九塔花、山麻、红花艾。为双子叶植物药唇形科植物益母草的全草。

假期休完——当归

中药当归为伞形科当归属植物，入药用其根。

2. "生气"的馒头——酵母菌发酵

老实忠诚——厚朴（hòu pò）（老实忠诚又可理解为厚道朴实，故谜底为厚朴。）

中药厚朴为木兰科植物厚朴及凹叶厚朴的干燥干皮、枝皮和根皮。

越来越轻——薄荷

中药薄荷为唇形科植物薄荷或家薄荷的全草或叶。

五、遗传篇

1. 做"晃华铃"学遗传——模拟分离规律

鲜奶芬芳——乳香

中药乳香为橄榄科植物卡氏乳香树的胶树脂。

女红军——红娘子

中药红娘子为蝉科昆虫红娘子的干燥全虫。

六、资源保护篇

1. **涵养水源的功臣——森林（草甸）保持水土的作用**

   天女散花——降香

   中药降香为豆科植物降香檀树干和根的心材。

   任人唯贤——使君子（任用某人即为使用该人，贤德之人为君子。）

   中药使君子为使君子科植物使君子的果实。

2. **合理利用才可持续——体验生物资源的有限性**

   实而不华——无花果（实而不华意味着没开花就结果。故谜底为无花果。）

   中药无花果为桑科无花果的果实，产于全国各地。

   植物学家——通草（植物又称百草，植物学家精通百草。故谜底为通草。）

   中药通草为五加科植物通脱木的茎髓。

七、巧手制作篇

1. **我有一双小巧手——系列（1）植物叶片造型**

   无价之宝——金不换

   中药三七又名田七，明代著名的药学家李时珍称其为"金不换"。

   天池洞水——泽泻（泽——水聚集的地方，天池洞水要下泻。）

   中药泽泻是泽泻科植物。冬季茎叶开始枯萎时采挖，洗净，干燥，除去须根及粗皮。

2. 我有一双小巧手——系列（2）插花制作

千古流芳——安息香

中药安息香为安息香科植物白花树的干燥树脂。

心心相印——莲心

中药莲心为莲子中间青绿色的胚芽，叫莲子心，性苦寒，味苦，却是一味良药。

3. 我们生活在鲜花丛中——用植物装点生活

绿林好汉——草蔻

中药草蔻为姜科植物艳山姜的果实。果实熟时采摘，晒干或低温烘干。

三九时节冷飕飕——天冬

中药天冬为百合科植物天门冬的块根。

4. 我是植物小画师——系列（1）植物叶脉标本的制作

二十一天不下雨——旱三七（二十一天没下雨一定是旱了二十一天，三七二十一嘛。）

中药旱三七为景天科植物景天三七的全草。

五百千米一片明——千里光（五百千米即为一千里，一片明即为光亮，故谜底为千里光。）

中药千里光为双子叶植物菊科植物千里光地上部分。又名千里及、九里明、九领光、一扫光。

5. 我是植物小画师——系列（2）叶脉画

中秋佳节发书信——八月札（中秋佳节为农历八月，书信又称札。故谜底为八月札。）

八月札为植物木通三叶木通或白木通的干燥成熟果实。

百岁老人鬓如霜——白头翁

中药白头翁为毛茛科，白头翁属，根可入药。

6. 我是植物小画师——系列（3）植物凝成的图画

卷我屋上三重茅——飞扬草

中药飞扬草为大戟科大戟属植物飞扬草，以全草入药。夏、秋采集，洗净、晒干。

果在刺中央，秋来满山冈，核仁是良药，安神作用强——枣仁（酸枣仁）

中药酸枣仁为鼠李科植物酸枣的种子。

7. 乳酸菌的功劳——泡菜制作

峨嵋第一峰——川山甲（峨嵋山是四川第一雄俊的山峰。）

中药川山甲为穿山甲的别名之一，是鲮鲤科动物鲮鲤的鳞甲。

龙王跨下驹——海马

中药海马为海龙科动物。海马包括克氏海马、刺海马、大海马、斑海马和日本海马。药用其去内脏的干燥体。海马，又称龙落子，古称为水马。

8. 健康食品我来做——系列（1）奶酪的制作

皇帝身上袍——龙衣

中药龙衣是蛇蜕的别名。

万物齐眠梦中幽——全蝎（万物齐眠梦中幽，世上万物都休息了，就是全歇（蝎）了。）

中药全蝎，又名钳蝎、全虫、蝎子，在我国产地达十几个省份，有15余种，统称东亚钳蝎。

9. 健康食品我来做——系列（2）米酒的制作

出类拔萃——珍珠

珍珠富含碳酸钙、牛黄酸、角壳蛋白，并有种类繁多的微量元素，它所含有的氨基酸多达18种，有相当一部分是人体所必需而又不能自身合成的，必须通过食物补充。

石头生苔——滑石（生满苔藓的石头很湿滑，故为滑石。）

滑石粉的主要成分之一是硅酸镁，是一种矿物。